Vielfache

① Trage die Vielfachen ein.

Vielfache von 5	10	15	20	25	30	35
von 6						42
von 13						91
von 32						224
von 57						399
von 71						497

Zur Kontrolle ist jeweils die letzte Zahl in der Tabelle vorgegeben.

② Welche Zahlen zwischen 70 und 100 sind Vielfache?

Vielfache von 7						(5)
von 8						(4)
von 9						(4)
von 10						(4)
von 11						(3)
von 12						(3)

Die Zahl in Klammern ist die Anzahl der gesuchten Vielfachen.

③ Streiche die Zahlen durch, die nicht zu den Vielfachen der Zahl gehören.

ein Vielfaches von 4: 12 15 16 18 20 34 28 30

ein Vielfaches von 15: 40 45 50 60 75 85 90 100

ein Vielfaches von 20: 50 60 70 80 100 120 140 150

Du musst 11 Zahlen durchgestrichen haben.

④ Von welchen Zahlen sind in der Tabelle Vielfache aufgeschrieben?

Vielfache von	17	34	51	68	85	102
von	9	12	15	18	21	24
von	28	35	49	56	70	84
von	55	60	65	70	75	80
von	110	121	132	143	154	165
von	38	57	95	114	152	209

Die Summe der gesuchten Zahlen beträgt 62.

⑤ Ergänze die fehlenden Zahlen.

Vielfache von 42		336			462
Vielfache von				35	42
Vielfache von 25	150			225	

① Setze I (teilt) oder ∤ (teilt nicht) ein.

7	I	35	4		22	49		196	9		21
18	∤	43	19		133	27		81	11		88
5		20	12		38	15		200	3		11
13		26	6		26	8		64	21		231
1		10	60		240	33		100	25		45
2		81	38		190	19		134	16		128
20		105	14		27	41		84	30		210
17		65	50		500	10		80	52		106

Du musst jedes Zeichen 16-mal verwendet haben.

② Suche geeignete Zahlen, so dass wahre Aussagen entstehen.

24	∤			I	96		∤	58		I	82
	I	18		I	170	17	I		100	∤	
	∤	32	83	∤			∤	19		I	40
18	∤			∤	40	31	I		70	∤	
	I	25	41	∤		33	∤			∤	50
	I	100		I	38		I	47	63	I	

③ Notiere alle Teiler.

Teiler von 12: (6)

Teiler von 14: (4)

Teiler von 19: (2)

Teiler von 25: (3)

Teiler von 30: (8)

Zur Kontrolle ist die Anzahl der Teiler in Klammern angegeben.

④ Zeichne die Lösungspfeile so ein, dass gilt: „ist teilbar durch".

22	3	91	12	60	20
27	7	108	13	84	25
49	11	128	16	125	28

⑤ Zeichne die Lösungspfeile so ein, dass gilt: „ist Teiler von".

7	78	17	190	30	285
11	121	19	357	41	360
13	147	20	420	57	820

Teilbarkeitsregeln

① Welche Zahlen sind durch 2, 5 oder 10 teilbar?

10	42	22	35	55	88	225	400	118	242
8	30	28	44	65	160	312	502	284	305
15	18	36	50	72	215	300	208	405	600

durch 2 teilbar:

(22)

durch 5 teilbar:

(15)

durch 10 teilbar: (7)

In Klammern steht die Anzahl der Ergebnisse.

② Welche Zahlen sind durch 4, welche durch 25 teilbar?

75	100	250	300	84	804	312	500	404	724
48	88	160	225	316	1 000	456	750	620	984

durch 4 teilbar:

(16)

durch 25 teilbar: (8)

In Klammern steht die Anzahl der Ergebnisse.

③ Welche Zahlen sind durch 3, welche durch 9 teilbar?

63	39	54	72	102	126	36	75	280	174
207	216	327	383	369	474	498	501	747	1 080

durch 3 teilbar:

(18)

durch 9 teilbar: (10)

In Klammern steht die Anzahl der Ergebnisse.

④ Welche Zahlen sind durch 10, 100 oder 1 000 teilbar?

800	1 000	2 500	7 620	4 504	8 000	5 632	3 210	1 470	3 450
5 000	6 700	1 111	15 000	11 748	7 040	37 050	28 000	6 300	10 010

durch 10 teilbar:

(16)

durch 100 teilbar: (9)

durch 1 000 teilbar: (5)

In Klammern steht die Anzahl der Ergebnisse.

① Kreuze an.

teilbar durch:	2	4	5	10
120				
315				
470				
516				
1 024				

Zur Kontrolle: 12 Kreuze.

②

teilbar durch:	3	4	9	25
243				
1 650				
2 700				
4 050				
5 373				

Zur Kontrolle: 13 Kreuze.

③

teilbar durch:	2	3	4	5	9	10	25
843							
1 300							
2 050							
4 374							
6 021							

Zur Kontrolle: 15 Kreuze.

④ Setze I oder ł ein.

2	2 241	4	4 000	10	3 052	100	3 420
2	4 380	5	5 055	10	6 700	100	6 010
2	7 016	5	7 880	25	4 315	100	7 300
3	5 631	5	9 999	25	1 425	1 000	80 100
3	3 500	9	1 111	25	8 076	1 000	42 001
3	9 711	9	2 223	50	5 104	1 000	15 000
4	2 472	9	3 334	50	7 550	125	4 500
4	8 140	10	4 444	50	9 170	125	8 625

Zur Kontrolle: Du musst das Zeichen I 17-mal und ł 15-mal verwendet haben.

⑤ Streiche die Zahlen durch, die nicht durch die vorgegebene Zahl teilbar sind.

teilbar durch 2: 182, 4 207, 6 350, 8 246, 37 028

teilbar durch 3: 201, 6 724, 10 101, 5 070, 8 424

teilbar durch 4: 804, 3 116, 9 428, 10 440, 52 032

teilbar durch 5: 2 790, 7 865, 3 104, 5 768, 12 750

teilbar durch 9: 1 387, 14 250, 37 467, 895, 50 004

teilbar durch 10: 6 500, 27 300, 12 345, 74 000, 83 645

teilbar durch 25: 875, 6 200, 7 350, 30 225, 64 740

Du musst insgesamt 10 Zahlen durchgestrichen haben.

Teilermengen und Vielfachenmengen

① Bilde die Teilermengen.

$T_{12} = \{ \quad \}$	(6)
$T_{15} = \{ \quad \}$	(4)
$T_{20} = \{ \quad \}$	(6)
$T_{30} = \{ \quad \}$	(8)
$T_{32} = \{ \quad \}$	(6)
$T_{35} = \{ \quad \}$	(4)
$T_{42} = \{ \quad \}$	(8)
$T_{56} = \{ \quad \}$	(8)

Zur Kontrolle ist die Anzahl der Teiler in Klammern angegeben.

② Welche Teilermenge ist gegeben? Vervollständige die Teilermengen.

$T_{10} = \{ 1, 2, 5, 10 \}$	T = { 1, , 4, , 16 }
T = { 1, 2, 4, 8 }	T = { 1, 2, , 4, 6, , , 24 }
T = { 1, , 11, 22 }	T = { , , , 26 }
T = { 1, 5, }	T = { , 2, 3, 6, , 18 }
T = { 1, 19 }	T = { , , 19, 38 }
T = { 1, 2, 4, , , , 40 }	T = { 1, , 4, 11, , 44 }
T = { 1, , , , 50 }	T = { , , , 6, 9, , , 54 }
T = { 1, 2, 17, }	T = { 1, 2, 31, }

③ Gib jeweils die ersten 10 Zahlen der vorgegebenen Vielfachmengen an.

$V_7 = \{ \quad , \quad , \quad , \quad , \quad , \quad , \quad , \quad , \quad , \quad \}$
$V_{12} = \{ \quad , \quad , \quad , \quad , \quad , \quad , \quad , \quad , \quad , \quad \}$
$V_{15} = \{ \quad , \quad , \quad , \quad , \quad , \quad , \quad , \quad , \quad , \quad \}$
$V_{17} = \{ \quad , \quad , \quad , \quad , \quad , \quad , \quad , \quad , \quad , \quad \}$
$V_{21} = \{ \quad , \quad , \quad , \quad , \quad , \quad , \quad , \quad , \quad , \quad \}$
$V_{35} = \{ \quad , \quad , \quad , \quad , \quad , \quad , \quad , \quad , \quad , \quad \}$

④ Welche Vielfachenmenge ist gegeben?

V = { 8, 16, , , , ... }
V = { 5, , 15, , 25, ... }
V = { 3, , 9, , , ... }
V = { 6, 12, , , 30, ... }
V = { 10, , , 40, ... }
V = { 11, , , 44, ... }

⑤ Notiere die fehlenden Zahlen in den Tabellen.

V = { ..., , 48, 60, , ... }
V = { ..., 98, 112, , , ... }
V = { ..., , 80, 96, , ... }
V = { ..., 54, , 90, , ... }
V = { ..., , , 100, 120, ... }
V = { ..., , 135, 180, , ... }

Gemeinsame Teiler und Vielfache

① Bestimme die gemeinsamen Teiler von:

4 und 12: 1, 2 und 4	75 und 45:
8 und 18:	20 und 100:
11 und 33:	33 und 77:
12 und 20:	24 und 60:
15 und 32:	16 und 48:
17 und 34:	48 und 144:

②

10, 20 und 30:	44, 77 und 99:
50, 75 und 100:	12, 22 und 44:
15, 60 und 90:	32, 41 und 57:
20, 40 und 80:	100, 200 und 500:
8, 12 und 16:	18, 27 und 54:
17, 85 und 170:	1, 20 und 3:

③ Bestimme den größten gemeinsamen Teiler von:

14 und 35:	16 und 56:	15, 20 und 30:
15 und 25:	40 und 70:	70, 21 und 56:
18 und 48:	60 und 96:	24, 48 und 60:
51 und 85:	27 und 45:	8, 32 und 72:
22 und 77:	45 und 105:	50, 200 und 75:
32 und 12:	54 und 36:	39, 65 und 104:

Summe der Ergebnisse: (50) (72) (70)

④ Bestimme 2 gemeinsame Vielfache von:

6 und 8:	15 und 12:	2, 4 und 6:
10 und 5:	21 und 35:	6, 8 und 10:
12 und 7:	30 und 25:	12, 10 und 20:

⑤ Bestimme das kleinste gemeinsame Vielfache von:

4 und 6:	5 und 3:	2, 6 und 8:
8 und 12:	9 und 10:	5, 7 und 10:
6 und 9:	11 und 8:	4, 3 und 9:
7 und 21:	12 und 6:	5, 7 und 3:
16 und 32:	15 und 10:	8, 5 und 2:
36 und 12:	21 und 14:	4, 6 und 7:

Summe der Ergebnisse: (143) (277) (359)

Primfaktorenzerlegung

① Welche Zahlen sind in Primfaktoren zerlegt? Berechne im Heft.

= 2 · 2 · 3 · 5	= 2 · 3 · 5 · 7	= 5 · 5 · 11 · 11
= 2 · 3 · 3 · 3	= 3 · 5 · 7	= 5 · 7 · 17
= 3 · 3 · 7 · 7	= 5 · 7 · 13	= 7 · 7 · 11
= 3 · 5 · 5 · 5	= 5 · 5 · 7 · 11	= 11 · 13 · 17
= 3 · 3 · 7 · 11	= 7 · 7 · 13	= 2 · 19 · 29
= 3 · 5 · 7 · 7	= 7 · 11 · 21	= 3 · 21 · 37

Ergebnisse (ungeordnet): 54, 60, 105, 210, 375, 441, 455, 539, 595, 637, 693, 735, 1 102, 1 617, 1 925, 2 331, 2 431, 3 025.

Zerlege in Primfaktoren.

②

15 =
16 =
8 =
20 =
18 =
14 =

③

10 =
25 =
45 =
60 =
12 =
50 =

④

64 =
81 =
112 =
125 =
210 =
300 =

⑤

32 =
54 =
72 =
105 =
189 =
315 =

Ergebnisse: ② 2 (11-mal), 3 (3-mal), 5 (2-mal), 7 (1-mal).
③ 2 (6-mal), 3 (4-mal), 5 (7-mal).
④ 2 (13-mal), 3 (6-mal), 5 (6-mal), 7 (2-mal).
⑤ 2 (9-mal), 3 (11-mal), 5 (2-mal), 7 (3-mal).

⑥ Notiere alle Zahlen, die kleiner als 100 sind und deren Primfaktoren nur aus gleichen Zahlen bestehen. Du musst 10 Zahlen finden.

4 = 2 · 2;

⑦ Welche Zahlen lassen sich nicht in Primfaktoren zerlegen?

15, 16, 17, 18, 19, 20, 21, 22, 23, 24, 25, 26, 27, 28, 29, 30, 31, 32, 33, 34, 35, 36, 37, 38, 39

Du musst 6 Zahlen finden – ihre Summe beträgt 156.

Bestimme ggT und kgV.

①

	2; 4	3; 5	4; 16	2; 8	3; 7	3; 8	4; 8	4; 10
ggT								
kgV								

Ungeordnete Summen aus ggT und kgV: 20, 16, 6, 22, 12, 25, 22, 10.

②

	2; 5	4; 5	3; 7	5; 8	6; 8	6; 10	7; 9	8; 24
ggT								
kgV								

Ungeordnete Summen aus ggT und kgV: 64, 26, 32, 41, 11, 32, 21, 22.

③

	15; 20	16; 40	18; 36	12; 20	8; 18	11; 55	3; 10	19; 95
ggT								
kgV								

Ungeordnete Summen aus ggT und kgV: 54, 64, 88, 74, 65, 31, 66, 114.

④

	8; 12, 20	4; 6; 10	14; 21; 42	3; 6; 9	5; 10; 20	17; 68; 102
ggT						
kgV						

Ungeordnete Summen aus ggT und kgV: 62, 49, 21, 221, 124, 25.

Bestimme ggT und kgV wie im Beispiel – mit Hilfe von Primfaktoren.

⑤

28 = 2 · 2 · 7	45 = 3 · 3 · 5
98 = 2 · 7 · 7	105 = 3 · 5 · 7
ggT (28; 98) = 2 · 7 = 14	kgV (45; 105) = 3 · 3 · 5 · 7 = 315
36 =	56 =
90 =	60 =
ggT (36; 90) =	kgV (56; 60) =
49 =	28 =
105 =	98 =
ggT (49; 105) =	kgV (28; 98) =
100 =	54 =
76 =	72 =
ggT (100; 76) =	kgV (54; 72) =
210 =	40 =
330 =	75 =
ggT (210; 330) =	kgV (40; 75) =

Ungeordnete Ergebnisse: 4, 7, 18, 30, 196, 216, 600, 840.

Bestimmung von Bruchteilen

① Bestimme den grauen Anteil.

② Bestimme den grauen Anteil.

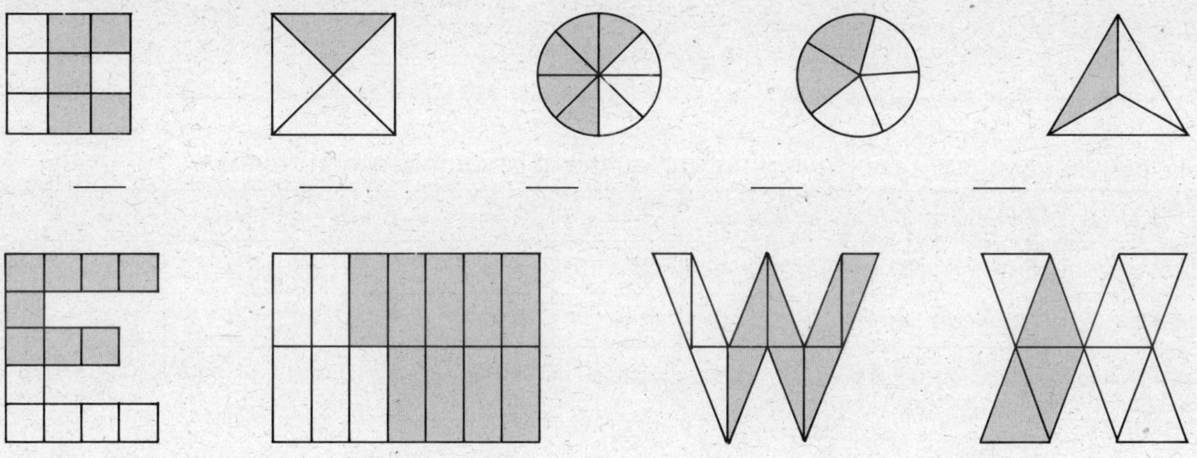

③ Bestimme den grauen Anteil.

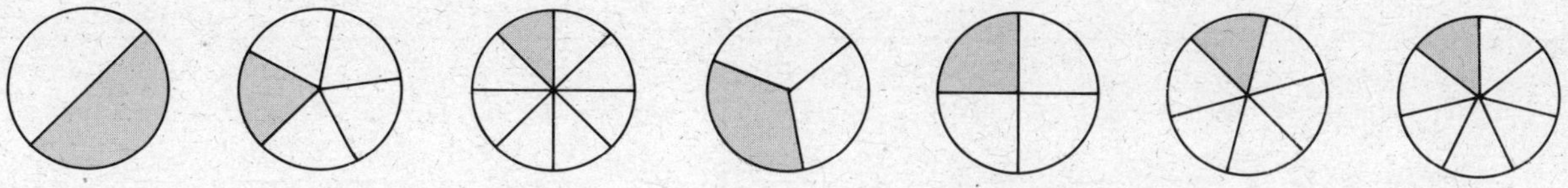

Ordne die Bruchzahlen nach der Größe.

a) Beginne mit der kleinsten Zahl.

— < — < — < — < — < — < —

b) Beginne mit der größten Zahl.

— > — > — > — > — > — > —

① Verwandle die ganzen Zahlen in Bruchzahlen (siehe Beispiel).

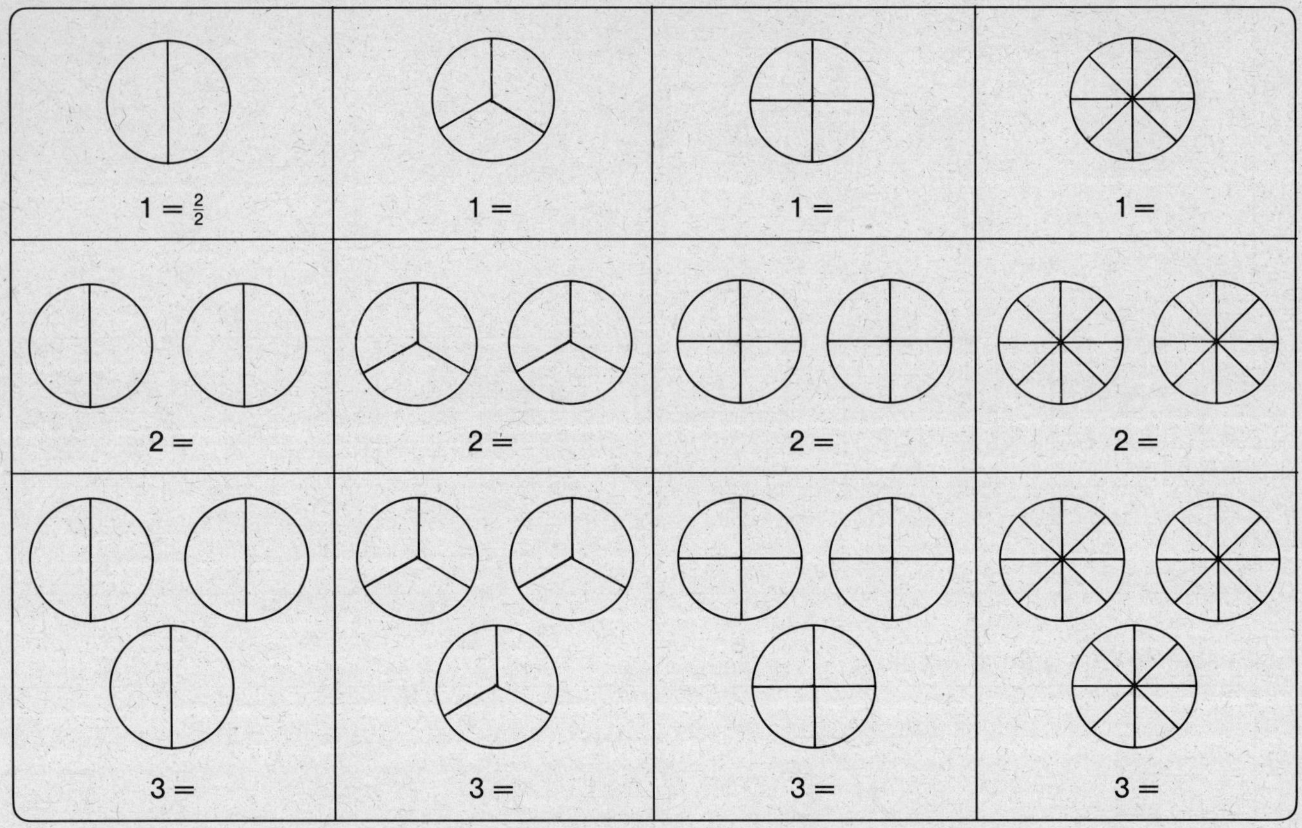

② Verwandle die ganzen Zahlen in Bruchzahlen mit dem vorgegebenen Nenner.

$3 = \frac{}{7}$	$4 = \frac{}{6}$	$7 = \frac{}{8}$	$6 = \frac{}{9}$	$5 = \frac{}{11}$	$9 = \frac{}{5}$	$8 = \frac{}{8}$	$7 = \frac{}{6}$	$6 = \frac{}{13}$	$12 = \frac{}{3}$
$7 = \frac{}{9}$	$8 = \frac{}{3}$	$13 = \frac{}{5}$	$6 = \frac{}{7}$	$4 = \frac{}{13}$	$7 = \frac{}{5}$	$11 = \frac{}{2}$	$13 = \frac{}{3}$	$19 = \frac{}{4}$	$15 = \frac{}{6}$
$9 = \frac{}{7}$	$13 = \frac{}{9}$	$4 = \frac{}{7}$	$9 = \frac{}{12}$	$8 = \frac{}{11}$	$6 = \frac{}{4}$	$3 = \frac{}{11}$	$5 = \frac{}{9}$	$2 = \frac{}{13}$	$8 = \frac{}{10}$

Vorkommende Zähler: 21; 22; 24; 24; 24; 26; 28; 33; 35; 36; 39; 42; 42; 45; 45; 52; 54; 55; 56; 63; 63; 64; 65; 76; 78; 80; 88; 90; 108; 117.

③ Ordne die Bruchzahlen nach der Größe.

Beginne mit der kleinsten Zahl.	Beginne mit der größten Zahl.
$\frac{1}{3}; \frac{1}{9}; \frac{1}{15}; \frac{1}{13}; \frac{1}{20}; \frac{1}{2}; \frac{1}{4}; \frac{1}{7}$ — < — < — < — < — < — < — < —	$\frac{7}{11}; \frac{7}{30}; \frac{7}{20}; \frac{7}{15}; \frac{7}{19}; \frac{7}{2}; \frac{7}{17}; \frac{7}{50}$ — > — > — > — > — > — > — > —
$\frac{4}{15}; \frac{4}{11}; \frac{4}{17}; \frac{4}{13}; \frac{4}{7}; \frac{4}{25}; \frac{4}{9}; \frac{4}{3}$ — < — < — < — < — < — < — < —	$\frac{5}{21}; \frac{5}{17}; \frac{5}{36}; \frac{5}{9}; \frac{5}{11}; \frac{5}{7}; \frac{5}{22}; \frac{5}{3}$ — > — > — > — > — > — > — > —
$\frac{6}{11}; \frac{6}{21}; \frac{6}{17}; \frac{6}{7}; \frac{6}{5}; \frac{6}{13}; \frac{6}{71}; \frac{6}{35}$ — < — < — < — < — < — < — < —	$\frac{9}{2}; \frac{9}{11}; \frac{9}{7}; \frac{9}{31}; \frac{9}{22}; \frac{9}{14}; \frac{9}{46}; \frac{9}{70}$ — > — > — > — > — > — > — > —
$\frac{6}{7}; \frac{2}{7}; \frac{3}{7}; \frac{5}{7}; \frac{9}{7}; \frac{11}{7}; \frac{8}{7}; \frac{4}{7}$ — < — < — < — < — < — < — < —	$\frac{16}{37}; \frac{12}{37}; \frac{19}{37}; \frac{5}{37}; \frac{8}{37}; \frac{30}{37}; \frac{14}{37}; \frac{21}{37}$ — > — > — > — > — > — > — > —

Umwandlung von Bruchzahlen

① Zeichne die Lösungspfeile.

$\frac{7}{2}$	$1\frac{3}{5}$	$\frac{11}{5}$	$5\frac{1}{3}$	$\frac{14}{9}$	$4\frac{1}{6}$
$\frac{9}{4}$	$3\frac{1}{2}$	$\frac{16}{3}$	$5\frac{2}{3}$	$\frac{25}{6}$	$3\frac{6}{7}$
$\frac{8}{5}$	$2\frac{5}{6}$	$\frac{31}{7}$	$2\frac{1}{5}$	$\frac{27}{7}$	$1\frac{5}{9}$
$\frac{17}{6}$	$2\frac{1}{4}$	$\frac{17}{3}$	$4\frac{3}{7}$	$\frac{49}{9}$	$3\frac{6}{9}$
$\frac{22}{3}$	$7\frac{1}{2}$	$\frac{25}{7}$	$3\frac{4}{5}$	$\frac{33}{9}$	$6\frac{1}{7}$
$\frac{25}{4}$	$7\frac{1}{3}$	$\frac{17}{7}$	$3\frac{4}{7}$	$\frac{35}{6}$	$5\frac{4}{9}$
$\frac{15}{2}$	$6\frac{1}{4}$	$\frac{19}{5}$	$2\frac{3}{7}$	$\frac{43}{7}$	$5\frac{5}{6}$

② Zeichne die Lösungspfeile.

$\frac{32}{11}$	$4\frac{11}{12}$	$\frac{57}{7}$	$12\frac{1}{6}$	$4\frac{1}{3}$	$\frac{45}{4}$
$\frac{59}{12}$	$2\frac{13}{15}$	$\frac{73}{6}$	$8\frac{1}{7}$	$11\frac{1}{4}$	$\frac{29}{3}$
$\frac{43}{15}$	$2\frac{10}{11}$	$\frac{67}{7}$	$16\frac{1}{6}$	$9\frac{2}{3}$	$\frac{13}{3}$
$\frac{50}{11}$	$5\frac{8}{11}$	$\frac{59}{8}$	$9\frac{4}{7}$	$7\frac{3}{5}$	$\frac{35}{4}$
$\frac{63}{11}$	$7\frac{1}{12}$	$\frac{97}{6}$	$7\frac{3}{8}$	$9\frac{4}{5}$	$\frac{38}{5}$
$\frac{73}{15}$	$4\frac{6}{11}$	$\frac{71}{7}$	$10\frac{3}{8}$	$8\frac{3}{4}$	$\frac{49}{5}$
$\frac{85}{12}$	$4\frac{13}{15}$	$\frac{83}{8}$	$10\frac{1}{7}$	$12\frac{1}{3}$	$\frac{37}{3}$

③ Zeichne die Lösungspfeile.

$4\frac{9}{11}$	$\frac{59}{6}$	$4\frac{7}{9}$	$\frac{41}{13}$	$16\frac{1}{2}$	$\frac{101}{8}$
$6\frac{6}{7}$	$\frac{91}{11}$	$3\frac{2}{13}$	$\frac{55}{9}$	$12\frac{5}{8}$	$\frac{33}{2}$
$9\frac{5}{6}$	$\frac{53}{11}$	$6\frac{1}{9}$	$\frac{43}{9}$	$21\frac{1}{2}$	$\frac{105}{8}$
$8\frac{3}{11}$	$\frac{48}{7}$	$5\frac{9}{13}$	$\frac{74}{13}$	$13\frac{1}{8}$	$\frac{131}{8}$
$5\frac{6}{7}$	$\frac{77}{6}$	$7\frac{1}{15}$	$\frac{83}{13}$	$37\frac{1}{2}$	$\frac{43}{2}$
$12\frac{5}{6}$	$\frac{67}{6}$	$6\frac{5}{13}$	$\frac{139}{15}$	$17\frac{5}{8}$	$\frac{55}{2}$
$11\frac{1}{6}$	$\frac{41}{7}$	$9\frac{4}{15}$	$\frac{106}{15}$	$27\frac{1}{2}$	$\frac{75}{2}$

④ Zeichne die Lösungspfeile.

$9\frac{1}{7}$	$\frac{46}{9}$	$\frac{23}{2}$	$2\frac{18}{19}$	$3\frac{24}{25}$	$\frac{93}{13}$
$4\frac{6}{7}$	$\frac{64}{7}$	$\frac{92}{7}$	$11\frac{1}{2}$	$7\frac{2}{13}$	$\frac{100}{9}$
$5\frac{1}{9}$	$\frac{34}{7}$	$\frac{56}{19}$	$13\frac{1}{7}$	$71\frac{1}{2}$	$\frac{99}{25}$
$2\frac{5}{7}$	$\frac{119}{12}$	$\frac{77}{13}$	$6\frac{7}{9}$	$11\frac{1}{9}$	$\frac{143}{2}$
$6\frac{1}{13}$	$\frac{19}{7}$	$\frac{118}{15}$	$5\frac{12}{13}$	$83\frac{2}{3}$	$\frac{100}{13}$
$9\frac{11}{12}$	$\frac{71}{18}$	$\frac{61}{9}$	$4\frac{20}{21}$	$7\frac{9}{13}$	$\frac{163}{3}$
$3\frac{17}{18}$	$\frac{79}{13}$	$\frac{104}{21}$	$7\frac{13}{15}$	$54\frac{1}{3}$	$\frac{251}{3}$

① Erweitere.

Erweitere	mit 2	mit 5	mit 3	mit 7	mit 9	mit 6	mit 4	mit 8	mit 11	mit 15
$\frac{4}{5}$										
$\frac{7}{8}$										
$\frac{3}{7}$										

Wenn du die Zähler der Spalten addierst, erhältst du folgende Zahlen: 28; 42; 56; 70; 84; 98; 112; 126; 154; 210.

② Erweitere.

Erweitere	mit 3	mit 7	mit 4	mit 12	mit 20	mit 8	mit 6	mit 15	mit 9	mit 11
$\frac{3}{4}$										
$\frac{11}{12}$										
$\frac{13}{15}$										

Wenn du die Zähler der Spalten addierst, erhältst du folgende Zahlen: 81; 108; 162; 189; 216; 243; 297; 324; 405; 540.

③ Erweitere auf den vorgegebenen Nenner. Schreibe die Erweiterungszahl in die Klammer.

$\frac{3}{4} = \frac{}{24}$ ( )	$\frac{5}{8} = \frac{}{56}$ ( )	$\frac{5}{19} = \frac{}{76}$ ( )	$\frac{7}{9} = \frac{}{54}$ ( )
$\frac{7}{9} = \frac{}{63}$ ( )	$\frac{7}{16} = \frac{}{64}$ ( )	$\frac{13}{18} = \frac{}{54}$ ( )	$\frac{7}{12} = \frac{}{60}$ ( )
$\frac{9}{11} = \frac{}{99}$ ( )	$\frac{9}{13} = \frac{}{65}$ ( )	$\frac{11}{12} = \frac{}{84}$ ( )	$\frac{11}{19} = \frac{}{57}$ ( )
$\frac{3}{17} = \frac{}{51}$ ( )	$\frac{7}{12} = \frac{}{108}$ ( )	$\frac{7}{13} = \frac{}{104}$ ( )	$\frac{7}{11} = \frac{}{132}$ ( )
$\frac{11}{19} = \frac{}{95}$ ( )	$\frac{7}{17} = \frac{}{85}$ ( )	$\frac{8}{15} = \frac{}{120}$ ( )	$\frac{13}{17} = \frac{}{68}$ ( )

Die Summe der Erweiterungszahlen beträgt immer 30.

④ Erweitere so, dass beide Brüche den kleinstmöglichen gemeinsamen Nenner haben.

$\frac{3}{4}; \frac{2}{5} \rightarrow$ ___ ; ___	$\frac{2}{7}; \frac{1}{8} \rightarrow$ ___ ; ___	$\frac{5}{12}; \frac{5}{18} \rightarrow$ ___ ; ___	$\frac{2}{3}; \frac{5}{7} \rightarrow$ ___ ; ___
$\frac{1}{2}; \frac{2}{3} \rightarrow$ ___ ; ___	$\frac{4}{9}; \frac{1}{3} \rightarrow$ ___ ; ___	$\frac{7}{9}; \frac{5}{12} \rightarrow$ ___ ; ___	$\frac{3}{11}; \frac{3}{4} \rightarrow$ ___ ; ___
$\frac{2}{3}; \frac{3}{4} \rightarrow$ ___ ; ___	$\frac{5}{6}; \frac{5}{24} \rightarrow$ ___ ; ___	$\frac{2}{9}; \frac{7}{15} \rightarrow$ ___ ; ___	$\frac{5}{6}; \frac{3}{8} \rightarrow$ ___ ; ___
$\frac{1}{5}; \frac{5}{6} \rightarrow$ ___ ; ___	$\frac{4}{7}; \frac{8}{21} \rightarrow$ ___ ; ___	$\frac{5}{12}; \frac{1}{9} \rightarrow$ ___ ; ___	$\frac{4}{9}; \frac{1}{7} \rightarrow$ ___ ; ___
$\frac{1}{8}; \frac{3}{4} \rightarrow$ ___ ; ___	$\frac{3}{8}; \frac{5}{12} \rightarrow$ ___ ; ___	$\frac{4}{5}; \frac{3}{10} \rightarrow$ ___ ; ___	$\frac{5}{6}; \frac{3}{14} \rightarrow$ ___ ; ___

Folgende Nenner kommen vor: 6; 8; 9; 10; 12; 20; 21; 24; 30; 36; 42; 44; 45; 56; 63.

Kürzen

① Kürze durch die angegebene Zahl.

durch 3	durch 7	durch 9	durch 8	durch 6	durch 4
$\frac{18}{21} =$ ___	$\frac{49}{63} =$ ___	$\frac{27}{45} =$ ___	$\frac{16}{40} =$ ___	$\frac{12}{54} =$ ___	$\frac{28}{44} =$ ___
$\frac{24}{39} =$ ___	$\frac{35}{56} =$ ___	$\frac{36}{63} =$ ___	$\frac{24}{56} =$ ___	$\frac{36}{42} =$ ___	$\frac{12}{32} =$ ___
$\frac{12}{45} =$ ___	$\frac{28}{49} =$ ___	$\frac{18}{45} =$ ___	$\frac{32}{88} =$ ___	$\frac{48}{78} =$ ___	$\frac{16}{52} =$ ___
$\frac{21}{33} =$ ___	$\frac{42}{91} =$ ___	$\frac{72}{117} =$ ___	$\frac{48}{104} =$ ___	$\frac{30}{84} =$ ___	$\frac{24}{68} =$ ___
$\frac{42}{51} =$ ___	$\frac{14}{77} =$ ___	$\frac{63}{81} =$ ___	$\frac{72}{128} =$ ___	$\frac{66}{96} =$ ___	$\frac{36}{92} =$ ___
$\frac{15}{69} =$ ___	$\frac{91}{105} =$ ___	$\frac{99}{144} =$ ___	$\frac{40}{72} =$ ___	$\frac{42}{72} =$ ___	$\frac{16}{60} =$ ___

Die Summe aller Zähler und Nenner einer Aufgabe ergibt eine Zehnerzahl.

② Kürze durch die angegebene Zahl.

durch 12	durch 17	durch 15	durch 14	durch 13	durch 19
$\frac{36}{60} =$ ___	$\frac{17}{51} =$ ___	$\frac{45}{75} =$ ___	$\frac{14}{28} =$ ___	$\frac{26}{39} =$ ___	$\frac{19}{57} =$ ___
$\frac{48}{84} =$ ___	$\frac{34}{85} =$ ___	$\frac{15}{90} =$ ___	$\frac{42}{70} =$ ___	$\frac{13}{52} =$ ___	$\frac{38}{95} =$ ___
$\frac{12}{72} =$ ___	$\frac{68}{102} =$ ___	$\frac{60}{135} =$ ___	$\frac{56}{126} =$ ___	$\frac{65}{78} =$ ___	$\frac{76}{171} =$ ___
$\frac{48}{108} =$ ___	$\frac{119}{136} =$ ___	$\frac{75}{120} =$ ___	$\frac{84}{154} =$ ___	$\frac{91}{117} =$ ___	$\frac{152}{209} =$ ___
$\frac{132}{156} =$ ___	$\frac{153}{187} =$ ___	$\frac{105}{165} =$ ___	$\frac{112}{210} =$ ___	$\frac{104}{143} =$ ___	$\frac{133}{190} =$ ___
$\frac{144}{180} =$ ___	$\frac{187}{221} =$ ___	$\frac{120}{195} =$ ___	$\frac{126}{238} =$ ___	$\frac{65}{117} =$ ___	$\frac{133}{247} =$ ___

Die Summe aller Zähler und Nenner einer Aufgabe ergibt eine Zehnerzahl.

③ Kürze so weit wie möglich. Du kannst auch in mehreren Schritten kürzen.

$\frac{48}{72} =$	$\frac{180}{315} =$	$\frac{140}{315} =$	$\frac{90}{135} =$
$\frac{93}{124} =$	$\frac{105}{175} =$	$\frac{252}{288} =$	$\frac{180}{225} =$
$\frac{110}{154} =$	$\frac{70}{315} =$	$\frac{126}{168} =$	$\frac{144}{240} =$
$\frac{128}{160} =$	$\frac{88}{154} =$	$\frac{210}{294} =$	$\frac{48}{192} =$
$\frac{140}{175} =$	$\frac{81}{216} =$	$\frac{195}{234} =$	$\frac{162}{216} =$
$\frac{210}{245} =$	$\frac{92}{276} =$	$\frac{126}{294} =$	$\frac{168}{280} =$
$\frac{63}{189} =$	$\frac{216}{252} =$	$\frac{196}{252} =$	$\frac{57}{228} =$
$\frac{125}{200} =$	$\frac{165}{220} =$	$\frac{33}{165} =$	$\frac{43}{301} =$

Ungeordnete Ergebnisse: $\frac{4}{7}; \frac{6}{7}; \frac{5}{8}; \frac{5}{7}; \frac{2}{3}; \frac{3}{7}; \frac{1}{7}; \frac{1}{5}; \frac{4}{5}; \frac{3}{4}; \frac{4}{7}; \frac{2}{3}; \frac{7}{9}; \frac{5}{7}; \frac{4}{5}; \frac{1}{3}; \frac{3}{4}; \frac{3}{5}; \frac{3}{5}; \frac{1}{4}; \frac{3}{8}; \frac{3}{4}; \frac{5}{6}; \frac{3}{4}; \frac{6}{7}; \frac{1}{3}; \frac{7}{8}; \frac{1}{4}; \frac{3}{5}; \frac{2}{9}; \frac{4}{5}; \frac{4}{9}.$

① Wandle in einen unechten Bruch um.

$3\frac{5}{8}$	$7\frac{4}{9}$	$6\frac{7}{15}$	$15\frac{1}{9}$	$6\frac{2}{5}$	$17\frac{3}{4}$	$19\frac{2}{5}$	$4\frac{3}{18}$	$17\frac{1}{6}$	$8\frac{7}{8}$	$9\frac{3}{11}$

Summe deiner Zähler: 880.

② Wandle in eine gemischte Zahl um.

$\frac{51}{4}$	$\frac{63}{8}$	$\frac{58}{19}$	$\frac{105}{17}$	$\frac{85}{16}$	$\frac{53}{15}$	$\frac{71}{2}$	$\frac{56}{3}$	$\frac{86}{5}$	$\frac{118}{9}$	$\frac{51}{13}$

Summe der ganzen Zahlen: 122.

③ Wandle um.

$4\frac{1}{9}$	$6\frac{7}{12}$	$\frac{67}{9}$	$\frac{69}{13}$	$5\frac{7}{12}$	$9\frac{7}{13}$	$\frac{113}{8}$	$\frac{189}{9}$	$\frac{254}{3}$	$11\frac{6}{11}$	$9\frac{17}{18}$

④ Erweitere mit 7.

$\frac{3}{13}$	$\frac{7}{19}$	$\frac{15}{4}$	$\frac{21}{8}$	$\frac{13}{15}$	$\frac{14}{21}$	$\frac{23}{11}$	$\frac{25}{9}$	$\frac{16}{19}$	$\frac{27}{3}$	$\frac{51}{7}$

Ungordnete Zähler: 105; 98; 112; 357; 147; 49; 175; 91; 161; 21; 189.

⑤ Erweitere auf den Nenner 96.

$\frac{4}{3}$	$\frac{1}{2}$	$\frac{5}{6}$	$\frac{3}{4}$	$\frac{13}{16}$	$\frac{5}{12}$	$\frac{23}{48}$	$\frac{17}{24}$	$\frac{19}{32}$	$\frac{7}{8}$	$\frac{7}{16}$

Ungeordnete Zähler: 40; 80; 72; 48; 84; 68; 46; 57; 42; 78; 128.

⑥ Kürze durch die angegebene Zahl.

durch 5	durch 13	durch 11	durch 15	durch 12	durch 14
$\frac{15}{95} =$ ___	$\frac{91}{130} =$ ___	$\frac{66}{55} =$ ___	$\frac{165}{60} =$ ___	$\frac{84}{60} =$ ___	$\frac{126}{28} =$ ___
$\frac{125}{75} =$ ___	$\frac{78}{65} =$ ___	$\frac{77}{110} =$ ___	$\frac{195}{120} =$ ___	$\frac{132}{180} =$ ___	$\frac{98}{70} =$ ___
$\frac{90}{155} =$ ___	$\frac{143}{52} =$ ___	$\frac{121}{44} =$ ___	$\frac{75}{285} =$ ___	$\frac{252}{84} =$ ___	$\frac{154}{210} =$ ___
$\frac{75}{105} =$ ___	$\frac{169}{104} =$ ___	$\frac{176}{99} =$ ___	$\frac{105}{150} =$ ___	$\frac{72}{156} =$ ___	$\frac{294}{98} =$ ___
$\frac{165}{205} =$ ___	$\frac{208}{117} =$ ___	$\frac{143}{88} =$ ___	$\frac{90}{75} =$ ___	$\frac{24}{204} =$ ___	$\frac{238}{420} =$ ___
$\frac{185}{225} =$ ___	$\frac{65}{247} =$ ___	$\frac{55}{209} =$ ___	$\frac{240}{135} =$ ___	$\frac{96}{156} =$ ___	$\frac{84}{182} =$ ___

Insgesamt 20 verschiedene Ergebnisse.

① Addiere. (Die Kontrollzahl K ist die Summe deiner Ergebnisse.)

+	$\frac{8}{11}$	$\frac{6}{11}$	$\frac{9}{11}$	$\frac{3}{11}$
$\frac{2}{11}$				
$\frac{5}{11}$				
$\frac{7}{11}$				
K	$3\frac{5}{11}$	$2\frac{10}{11}$	$3\frac{8}{11}$	$2\frac{1}{11}$

+	$\frac{6}{13}$	$\frac{11}{13}$	$\frac{7}{13}$	$\frac{4}{13}$
$\frac{3}{13}$				
$\frac{9}{13}$				
$\frac{5}{13}$				
K	$2\frac{9}{13}$	$3\frac{11}{13}$	$2\frac{12}{13}$	$2\frac{3}{13}$

+	$\frac{4}{8}$	$\frac{9}{8}$	$\frac{7}{8}$	$\frac{11}{8}$
$\frac{3}{8}$				
$\frac{7}{8}$				
$\frac{5}{8}$				
K	$3\frac{3}{8}$	$5\frac{1}{4}$	$4\frac{1}{2}$	6

② Addiere. (Die Kontrollzahl K ist die Summe deiner Ergebnisse.)

+	$\frac{9}{4}$	$\frac{4}{4}$	$\frac{11}{4}$	$\frac{17}{4}$
$\frac{3}{4}$				
$\frac{5}{4}$				
$\frac{7}{4}$				
K	$10\frac{1}{2}$	$6\frac{3}{4}$	12	$16\frac{1}{2}$

+	$\frac{5}{2}$	$\frac{3}{4}$	$\frac{9}{4}$	$\frac{7}{2}$
$\frac{3}{2}$				
$\frac{1}{4}$				
$\frac{5}{4}$				
K	$10\frac{1}{2}$	$5\frac{1}{4}$	$9\frac{3}{4}$	$13\frac{1}{2}$

+	$\frac{3}{5}$	$\frac{7}{10}$	$\frac{9}{10}$	$\frac{9}{5}$
$\frac{7}{5}$				
$\frac{3}{10}$				
$\frac{9}{10}$				
K	$4\frac{2}{5}$	$4\frac{7}{10}$	$5\frac{3}{10}$	8

③ Addiere. (Die Kontrollzahl K ist die Summe deiner Ergebnisse.)

+	$\frac{2}{9}$	$\frac{7}{6}$	$\frac{5}{3}$	$\frac{7}{9}$
$\frac{1}{3}$				
$\frac{5}{6}$				
$\frac{7}{9}$				
K	$2\frac{11}{18}$	$5\frac{4}{9}$	$6\frac{17}{18}$	$4\frac{5}{18}$

+	$\frac{9}{4}$	$\frac{7}{2}$	$\frac{11}{8}$	$\frac{13}{4}$
$\frac{3}{2}$				
$\frac{5}{8}$				
$\frac{7}{4}$				
K	$10\frac{5}{8}$	$14\frac{3}{8}$	8	$13\frac{5}{8}$

+	$\frac{1}{9}$	$\frac{5}{18}$	$\frac{7}{6}$	$\frac{10}{9}$
$\frac{5}{6}$				
$\frac{5}{9}$				
$\frac{11}{18}$				
K	$2\frac{1}{3}$	$2\frac{5}{6}$	$5\frac{1}{2}$	$5\frac{1}{3}$

④ Addiere. (Die Kontrollzahl K ist die Summe deiner Ergebnisse.)

+	4	$5\frac{1}{2}$	$3\frac{1}{4}$	$1\frac{3}{8}$
$3\frac{1}{2}$				
$4\frac{1}{4}$				
$5\frac{1}{8}$				
K	$24\frac{7}{8}$	$29\frac{3}{8}$	$22\frac{5}{8}$	17

+	$4\frac{1}{3}$	$6\frac{1}{9}$	$2\frac{1}{6}$	$5\frac{2}{9}$
$4\frac{1}{9}$				
$3\frac{1}{6}$				
$2\frac{2}{3}$				
K	$22\frac{17}{18}$	$28\frac{5}{18}$	$16\frac{4}{9}$	$25\frac{11}{18}$

+	$4\frac{4}{9}$	$1\frac{1}{3}$	$2\frac{5}{6}$	$5\frac{2}{3}$
$6\frac{2}{9}$				
$3\frac{1}{3}$				
$1\frac{1}{6}$				
K	$24\frac{1}{18}$	$14\frac{13}{18}$	$19\frac{2}{9}$	$27\frac{13}{18}$

① Addiere.

$2\frac{1}{2} + 3\frac{1}{4} =$	$7\frac{1}{2} + 3\frac{3}{7} =$
$4\frac{1}{5} + 3\frac{1}{6} =$	$5\frac{1}{7} + 3\frac{1}{5} =$
$6\frac{1}{6} + 7\frac{1}{3} =$	$6\frac{5}{9} + 3\frac{1}{12} =$
$3\frac{5}{8} + 1\frac{1}{12} =$	$9\frac{1}{2} + 3\frac{3}{4} =$
$4\frac{1}{9} + 6\frac{1}{3} =$	$6\frac{1}{2} + 2\frac{1}{5} =$
$2\frac{1}{5} + 3\frac{1}{15} =$	$7\frac{1}{4} + 3\frac{1}{6} =$
$9\frac{2}{3} + 3\frac{1}{8} =$	$4\frac{1}{9} + 2\frac{1}{5} =$
$6 + 2\frac{1}{4} =$	$8\frac{1}{3} + 3\frac{1}{9} =$

Ungeordnete Ergebnisse: $8\frac{7}{10}$; $12\frac{19}{24}$; $13\frac{1}{4}$; $6\frac{14}{45}$; $10\frac{5}{12}$; $10\frac{4}{9}$; $5\frac{3}{4}$; $13\frac{1}{2}$; $5\frac{4}{15}$; $7\frac{11}{30}$; $4\frac{17}{24}$; $8\frac{1}{4}$; $8\frac{12}{35}$; $10\frac{13}{14}$; $11\frac{4}{9}$; $9\frac{23}{36}$.

② Rechne im Heft und übertrage die Ergebnisse.

+	3	$4\frac{1}{2}$	$\frac{3}{4}$	7	$5\frac{3}{4}$	$9\frac{1}{4}$	$7\frac{3}{4}$	$8\frac{1}{2}$	$6\frac{1}{4}$	$10\frac{3}{4}$
$3\frac{1}{2}$										
$4\frac{1}{4}$										
Summe der Ergebnisse	$13\frac{3}{4}$	$16\frac{3}{4}$	$9\frac{1}{4}$	$21\frac{3}{4}$	$19\frac{1}{4}$	$26\frac{1}{4}$	$23\frac{1}{4}$	$24\frac{3}{4}$	$20\frac{1}{4}$	$29\frac{1}{4}$

③ Rechne im Heft und übertrage die Ergebnisse.

+	$2\frac{1}{2}$	$3\frac{1}{4}$	$2\frac{3}{5}$	$1\frac{1}{10}$	$7\frac{1}{2}$	$3\frac{3}{4}$	6	$\frac{3}{20}$	$4\frac{1}{5}$	$3\frac{7}{10}$
$4\frac{1}{5}$										
$3\frac{3}{4}$										
Summe der Ergebnisse	$12\frac{19}{20}$	$14\frac{9}{20}$	$13\frac{3}{20}$	$10\frac{3}{20}$	$22\frac{19}{20}$	$15\frac{9}{20}$	$19\frac{19}{20}$	$8\frac{1}{4}$	$16\frac{7}{20}$	$15\frac{7}{20}$

④ Rechne im Heft und übertrage die Ergebnisse.

+	$\frac{1}{2}$	$2\frac{1}{4}$	12	$4\frac{3}{9}$	$5\frac{1}{6}$	$7\frac{2}{3}$	$3\frac{3}{4}$	$2\frac{2}{5}$	$4\frac{1}{2}$	$6\frac{3}{4}$
$2\frac{1}{3}$										
$5\frac{5}{6}$										
Summe der Ergebnisse	$9\frac{1}{6}$	$12\frac{2}{3}$	$32\frac{1}{6}$	$16\frac{5}{6}$	$18\frac{1}{2}$	$23\frac{1}{2}$	$15\frac{2}{3}$	$12\frac{29}{30}$	$17\frac{1}{6}$	$21\frac{2}{3}$

Subtraktion von Bruchzahlen

① Subtrahiere. (Die Kontrollzahl K ist die Summe deiner Ergebnisse.)

−	$\frac{16}{9}$	$\frac{22}{9}$	$\frac{5}{9}$	$\frac{26}{9}$
$\frac{27}{9}$				
$\frac{57}{9}$				
$\frac{44}{9}$				
K	$8\frac{8}{9}$	$6\frac{8}{9}$	$12\frac{5}{9}$	$5\frac{5}{9}$

−	$\frac{23}{7}$	$\frac{36}{7}$	$\frac{19}{7}$	$\frac{11}{7}$
$\frac{51}{7}$				
$\frac{37}{7}$				
$\frac{46}{7}$				
K	$9\frac{2}{7}$	$3\frac{5}{7}$	11	$14\frac{3}{7}$

−	$\frac{16}{11}$	$\frac{21}{11}$	$\frac{42}{11}$	$\frac{34}{11}$
$\frac{76}{11}$				
$\frac{57}{11}$				
$\frac{43}{11}$				
K	$11\frac{7}{11}$	$10\frac{3}{11}$	$4\frac{6}{11}$	$6\frac{8}{11}$

② Subtrahiere. (Die Kontrollzahl K ist die Summe deiner Ergebnisse.)

−	3	5	$2\frac{1}{5}$	$4\frac{2}{5}$
$9\frac{3}{5}$				
$7\frac{4}{5}$				
$6\frac{2}{5}$				
K	$14\frac{4}{5}$	$8\frac{4}{5}$	$17\frac{1}{5}$	$10\frac{3}{5}$

−	3	$2\frac{1}{7}$	4	$3\frac{4}{7}$
$7\frac{6}{7}$				
$5\frac{5}{7}$				
$4\frac{4}{7}$				
K	$9\frac{1}{7}$	$11\frac{5}{7}$	$6\frac{1}{7}$	$7\frac{3}{7}$

−	6	$4\frac{1}{8}$	$6\frac{3}{8}$	5
$9\frac{7}{8}$				
$7\frac{5}{8}$				
$6\frac{3}{8}$				
K	$5\frac{7}{8}$	$11\frac{1}{2}$	$4\frac{3}{4}$	$8\frac{7}{8}$

③ Subtrahiere. (Die Kontrollzahl K ist die Summe deiner Ergebnisse.)

−	$4\frac{2}{5}$	$3\frac{3}{5}$	$2\frac{4}{5}$	$5\frac{3}{5}$
10				
7				
13				
K	$16\frac{4}{5}$	$19\frac{1}{5}$	$21\frac{3}{5}$	$13\frac{1}{5}$

−	$7\frac{1}{7}$	$4\frac{3}{7}$	$5\frac{5}{7}$	$3\frac{6}{7}$
$9\frac{3}{7}$				
$7\frac{4}{7}$				
$12\frac{5}{7}$				
K	$8\frac{2}{7}$	$16\frac{3}{7}$	$12\frac{4}{7}$	$18\frac{1}{7}$

−	$3\frac{3}{11}$	$4\frac{9}{11}$	$2\frac{5}{11}$	$5\frac{4}{11}$
$9\frac{7}{11}$				
$6\frac{3}{11}$				
$7\frac{5}{11}$				
K	$13\frac{6}{11}$	$8\frac{10}{11}$	16	$7\frac{3}{11}$

④ Subtrahiere. (Die Kontrollzahl K ist die Summe deiner Ergebnisse.)

−	$3\frac{1}{4}$	$4\frac{1}{2}$	$2\frac{3}{4}$	5
$9\frac{1}{2}$				
$8\frac{3}{4}$				
$5\frac{1}{4}$				
K	$13\frac{3}{4}$	10	$15\frac{1}{4}$	$8\frac{1}{2}$

−	5	$6\frac{1}{2}$	$2\frac{3}{4}$	$4\frac{1}{8}$
$8\frac{7}{8}$				
$7\frac{1}{4}$				
$6\frac{1}{2}$				
K	$7\frac{5}{8}$	$3\frac{1}{8}$	$14\frac{3}{8}$	$10\frac{1}{4}$

−	$4\frac{2}{9}$	$5\frac{2}{3}$	$3\frac{1}{18}$	$2\frac{5}{6}$
$12\frac{5}{9}$				
$8\frac{1}{3}$				
$6\frac{1}{6}$				
K	$14\frac{7}{18}$	$10\frac{1}{18}$	$17\frac{8}{9}$	$18\frac{5}{9}$

Subtraktion von Bruchzahlen

① Subtrahiere.

$4\frac{1}{4} - 3\frac{1}{5} =$	$7\frac{4}{7} - 6\frac{1}{3} =$
$6\frac{1}{7} - 4\frac{1}{5} =$	$5\frac{5}{8} - 3\frac{1}{12} =$
$8\frac{2}{3} - 7\frac{4}{9} =$	$6\frac{7}{9} - 4\frac{2}{3} =$
$9\frac{1}{6} - 5\frac{5}{12} =$	$5\frac{1}{7} - 3\frac{3}{4} =$
$8\frac{4}{5} - 3\frac{2}{3} =$	$8\frac{1}{2} - 3\frac{8}{9} =$
$6\frac{1}{2} - 4\frac{4}{7} =$	$3\frac{1}{2} - 1\frac{1}{7} =$
$5\frac{5}{8} - 3\frac{1}{3} =$	$5\frac{4}{7} - 3\frac{1}{4} =$
$7\frac{1}{2} - 5\frac{1}{9} =$	$6\frac{5}{6} - 4\frac{5}{8} =$

Ungeordnete Ergebnisse: $1\frac{11}{28}$; $2\frac{7}{24}$; $1\frac{1}{20}$; $4\frac{11}{18}$; $2\frac{7}{18}$; $2\frac{5}{24}$; $1\frac{5}{21}$; $3\frac{3}{4}$; $2\frac{1}{9}$; $5\frac{2}{15}$; $2\frac{5}{14}$; $2\frac{13}{24}$; $2\frac{9}{28}$; $1\frac{33}{35}$; $1\frac{2}{9}$; $1\frac{13}{14}$.

② Rechne im Heft und übertrage die Ergebnisse.

–	$3\frac{1}{2}$	$2\frac{1}{5}$	$4\frac{5}{6}$	$5\frac{1}{8}$	$6\frac{1}{3}$	$4\frac{4}{5}$	$3\frac{7}{12}$	$2\frac{2}{3}$	$7\frac{1}{6}$	$5\frac{9}{10}$
$9\frac{3}{4}$										
$8\frac{1}{2}$										
Summe der Ergebnisse	$11\frac{1}{4}$	$13\frac{17}{20}$	$8\frac{7}{12}$	8	$5\frac{7}{12}$	$8\frac{13}{20}$	$11\frac{1}{12}$	$12\frac{11}{12}$	$3\frac{11}{12}$	$6\frac{9}{20}$

③ Rechne im Heft und übertrage die Ergebnisse.

–	$8\frac{1}{4}$	$4\frac{1}{4}$	$5\frac{5}{6}$	$6\frac{5}{12}$	$6\frac{7}{9}$	$8\frac{3}{10}$	$7\frac{5}{18}$	$3\frac{1}{6}$	$2\frac{11}{12}$	$5\frac{5}{9}$
$9\frac{1}{3}$										
$8\frac{4}{9}$										
Summe der Ergebnisse	$1\frac{5}{18}$	$9\frac{5}{18}$	$6\frac{1}{9}$	$4\frac{17}{18}$	$4\frac{2}{9}$	$1\frac{8}{45}$	$3\frac{2}{9}$	$11\frac{4}{9}$	$11\frac{17}{18}$	$6\frac{2}{3}$

④ Rechne im Heft und übertrage die Ergebnisse.

–	$7\frac{1}{2}$	$5\frac{3}{4}$	$9\frac{1}{12}$	$8\frac{1}{3}$	$8\frac{1}{24}$	$9\frac{7}{8}$	$7\frac{1}{6}$	$5\frac{2}{3}$	$6\frac{1}{16}$	$3\frac{11}{12}$
$10\frac{5}{8}$										
$9\frac{5}{6}$										
Summe der Ergebnisse	$5\frac{11}{24}$	$8\frac{23}{24}$	$2\frac{7}{24}$	$3\frac{19}{24}$	$4\frac{3}{8}$	$\frac{17}{24}$	$6\frac{1}{8}$	$9\frac{1}{8}$	$8\frac{1}{3}$	$12\frac{5}{8}$

Multiplikation von Bruchzahlen

① Multipliziere. (Die Kontrollzahl K ist die Summe der Zähler.)

·	8	5	11	4
$\frac{2}{3}$				
$\frac{4}{7}$				
$\frac{5}{9}$				
K	88	55	121	44

·	2	7	5	9
$\frac{5}{11}$				
$\frac{7}{8}$				
$\frac{5}{13}$				
K	34	119	85	153

·	7	9	5	3
$\frac{3}{4}$				
$\frac{7}{13}$				
$\frac{9}{11}$				
K	133	171	95	57

② Multipliziere. Kürze, falls möglich. (Die Kontrollzahl K ist die Summe der Zähler.)

·	8	12	14	4
$\frac{4}{7}$				
$\frac{5}{8}$				
$\frac{5}{6}$				
K	57	73	78	31

·	4	6	9	12
$\frac{5}{9}$				
$\frac{7}{12}$				
$\frac{3}{8}$				
K	30	26	53	36

·	5	20	30	45
$\frac{3}{5}$				
$\frac{7}{10}$				
$\frac{11}{15}$				
K	21	70	61	123

③ Multipliziere. Kürze, falls möglich. (Die Kontrollzahl K ist die Summe deiner Ergebnisse.)

·	12	9	15	27
$\frac{2}{3}$				
$\frac{5}{6}$				
$\frac{8}{9}$				
K	$28\frac{2}{3}$	$21\frac{1}{2}$	$35\frac{5}{6}$	$64\frac{1}{2}$

·	12	16	20	48
$\frac{3}{4}$	$\frac{36}{4}$			
$\frac{5}{8}$				
$\frac{7}{16}$				
K	$21\frac{3}{4}$	29	$36\frac{1}{4}$	87

·	12	18	36	48
$\frac{5}{6}$				
$\frac{7}{12}$				
$\frac{11}{24}$				
K	$22\frac{1}{2}$	$33\frac{3}{4}$	$67\frac{1}{2}$	90

④ Multipliziere. Kürze, falls möglich. (Die Kontrollzahl K ist die Summe deiner Ergebnisse.)

·	$\frac{1}{2}$	$\frac{3}{4}$	$\frac{9}{8}$	$\frac{6}{7}$
$\frac{5}{6}$				
$\frac{2}{3}$				
$\frac{4}{9}$				
K	$\frac{35}{36}$	$1\frac{11}{24}$	$2\frac{3}{16}$	$1\frac{2}{3}$

·	$\frac{5}{14}$	$\frac{10}{21}$	$\frac{20}{21}$	$\frac{5}{7}$
$\frac{7}{15}$				
$\frac{7}{10}$				
$\frac{21}{20}$				
K	$\frac{19}{24}$	$1\frac{1}{18}$	$2\frac{1}{9}$	$1\frac{7}{12}$

·	$\frac{4}{3}$	$\frac{8}{15}$	$\frac{16}{21}$	$\frac{20}{9}$
$\frac{15}{16}$				
$\frac{9}{20}$				
$\frac{21}{80}$				
K	$2\frac{1}{5}$	$\frac{22}{25}$	$1\frac{9}{35}$	$3\frac{2}{3}$

① Multipliziere. Vergiss nicht zu kürzen.

$4\frac{1}{4} \cdot \frac{8}{17} =$	$5\frac{5}{16} \cdot 1\frac{7}{17} =$
$5\frac{1}{3} \cdot \frac{15}{28} =$	$6\frac{1}{9} \cdot 1\frac{2}{11} =$
$3\frac{1}{7} \cdot \frac{15}{22} =$	$8\frac{7}{8} \cdot 16 =$
$4\frac{1}{5} \cdot 2\frac{1}{7} =$	$\frac{7}{71} \cdot 6\frac{16}{21} =$
$6\frac{5}{9} \cdot 18 =$	$\frac{9}{14} \cdot \frac{7}{54} =$
$2\frac{3}{7} \cdot 1\frac{11}{17} =$	$6\frac{3}{7} \cdot 3\frac{1}{9} =$
$4\frac{2}{3} \cdot \frac{53}{56} =$	$5\frac{3}{11} \cdot 1\frac{26}{29} =$
$8\frac{1}{7} \cdot 1\frac{2}{19} =$	$6\frac{3}{4} \cdot \frac{56}{81} =$

Ungeordnete Ergebnisse: 4; $4\frac{2}{3}$; 2; 9; 20; $7\frac{1}{2}$; $2\frac{1}{7}$; $4\frac{5}{12}$; $\frac{2}{3}$; 10; 9; $\frac{1}{12}$; $2\frac{6}{7}$; 142; 118; $7\frac{2}{9}$.

② Rechne im Heft und übertrage die Ergebnisse.

·	$1\frac{5}{6}$	$4\frac{1}{2}$	$1\frac{3}{4}$	$\frac{2}{3}$	$4\frac{1}{5}$	$3\frac{1}{4}$	$\frac{4}{7}$	$2\frac{1}{5}$	$1\frac{2}{7}$	$3\frac{1}{2}$
$3\frac{1}{2}$										
$4\frac{2}{3}$										
Summe der Ergebnisse	$14\frac{35}{36}$	$36\frac{3}{4}$	$14\frac{7}{24}$	$5\frac{4}{9}$	$34\frac{3}{10}$	$26\frac{13}{24}$	$4\frac{2}{3}$	$17\frac{29}{30}$	$10\frac{1}{2}$	$28\frac{7}{12}$

③ Rechne im Heft und übertrage die Ergebnisse.

·	$2\frac{2}{3}$	$1\frac{1}{9}$	$\frac{4}{5}$	$1\frac{3}{5}$	$3\frac{1}{3}$	$1\frac{2}{3}$	$1\frac{1}{3}$	$\frac{1}{19}$	$\frac{4}{57}$	$\frac{5}{38}$
$7\frac{1}{8}$										
$4\frac{3}{4}$										
Differenz der Ergebnisse	$6\frac{1}{3}$	$2\frac{23}{36}$	$1\frac{9}{10}$	$3\frac{4}{5}$	$7\frac{11}{12}$	$3\frac{23}{24}$	$3\frac{1}{6}$	$\frac{1}{8}$	$\frac{1}{6}$	$\frac{5}{16}$

④ Rechne im Heft und übertrage die Ergebnisse.

·	$\frac{7}{15}$	$2\frac{2}{3}$	$1\frac{1}{45}$	$2\frac{7}{30}$	$1\frac{17}{30}$	$4\frac{1}{5}$	$2\frac{1}{3}$	$5\frac{2}{3}$	$\frac{56}{75}$	$2\frac{38}{45}$
$3\frac{3}{4}$										
$2\frac{1}{2}$										
Differenz der Ergebnisse	$\frac{7}{12}$	$3\frac{1}{3}$	$1\frac{5}{18}$	$2\frac{19}{24}$	$1\frac{23}{24}$	$5\frac{1}{4}$	$2\frac{11}{12}$	$7\frac{1}{12}$	$\frac{14}{15}$	$3\frac{5}{9}$

Division von Bruchzahlen

① Dividiere. (Die Kontrollzahl K ist die Summe der Zähler.)

:	2	8	4	5
$\frac{24}{5}$				
$\frac{16}{9}$				
$\frac{40}{7}$				
K	40	10	20	48

:	6	5	3	9
$\frac{18}{19}$				
$\frac{54}{5}$				
$\frac{72}{7}$				
K	24	144	48	16

:	2	7	4	5
$\frac{16}{5}$				
$\frac{32}{7}$				
$\frac{44}{9}$				
K	46	92	23	92

② Dividiere. (Die Kontrollzahl K ist die Summe der Zähler.)

:	4	12	3	24
$\frac{24}{11}$				
$\frac{72}{7}$				
$\frac{120}{13}$				
K	54	18	72	9

:	4	9	3	12
$\frac{73}{7}$				
$\frac{13}{2}$				
$\frac{17}{9}$				
K	103	103	103	103

:	3	8	6	12
$\frac{24}{23}$				
$\frac{96}{5}$				
$\frac{144}{11}$				
K	88	33	44	22

③ Dividiere. Kürze, falls möglich. (Die Kontrollzahl K ist die Summe der Zähler.)

:	$\frac{1}{2}$	$\frac{1}{7}$	$\frac{1}{3}$	$\frac{1}{5}$
3				
7				
9				
K	38	133	57	95

:	$\frac{2}{5}$	$\frac{4}{7}$	$\frac{6}{11}$	$\frac{4}{3}$
4				
8				
10				
K	55	56	121	24

:	$\frac{4}{9}$	$\frac{3}{5}$	$\frac{6}{7}$	$\frac{5}{2}$
7				
15				
8				
K	216	100	112	36

④ Dividiere. Kürze, falls möglich. (Die Kontrollzahl K ist die Summe der Zähler.)

:	$\frac{1}{2}$	$\frac{3}{4}$	$\frac{5}{8}$	$\frac{5}{6}$
$\frac{3}{4}$				
$\frac{7}{8}$				
$\frac{5}{12}$				
K	15	13	15	31

:	$\frac{5}{6}$	$\frac{2}{3}$	$\frac{5}{18}$	$\frac{7}{9}$
$\frac{4}{3}$				
$\frac{5}{12}$				
$\frac{7}{9}$				
K	23	14	41	28

:	$\frac{3}{8}$	$\frac{5}{12}$	$\frac{5}{18}$	$\frac{2}{15}$
$\frac{3}{4}$				
$\frac{5}{6}$				
$\frac{2}{9}$				
K	38	19	34	75

Division von Bruchzahlen

① Dividiere. Vergiss nicht zu kürzen.

$4\frac{1}{5} : \frac{3}{15} =$	$11\frac{4}{7} : \frac{9}{14} =$
$7\frac{1}{9} : 5\frac{1}{3} =$	$21\frac{1}{3} : \frac{8}{9} =$
$8\frac{1}{7} : 1\frac{5}{14} =$	$16\frac{1}{4} : 2\frac{1}{2} =$
$5\frac{1}{17} : 43 =$	$5\frac{10}{13} : \frac{25}{26} =$
$4\frac{1}{5} : 7 =$	$4\frac{1}{17} : \frac{33}{34} =$
$17\frac{3}{5} : 8 =$	$9\frac{5}{11} : 2\frac{6}{11} =$
$16\frac{2}{7} : 2\frac{6}{7} =$	$21\frac{3}{4} : 3\frac{5}{8} =$
$13\frac{1}{2} : 4\frac{1}{2} =$	$16\frac{1}{7} : 226 =$

Ungeordnete Ergebnisse: $\frac{3}{5}$; $3\frac{5}{7}$; 3; 21; $4\frac{2}{11}$; 18; 6; $2\frac{1}{5}$; $\frac{1}{14}$; $6\frac{1}{2}$; $5\frac{7}{10}$; $1\frac{1}{3}$; $\frac{2}{17}$; 6; 24; 6.

② Rechne im Heft und übertrage die Ergebnisse.

:	$3\frac{1}{2}$	$\frac{7}{8}$	$1\frac{11}{16}$	$2\frac{1}{3}$	$2\frac{3}{16}$	7	9	15	$4\frac{1}{5}$	$4\frac{1}{8}$
$5\frac{1}{4}$										
$7\frac{7}{8}$										
Summe der Ergebnisse	$3\frac{3}{4}$	15	$7\frac{7}{9}$	$5\frac{5}{8}$	6	$1\frac{7}{8}$	$1\frac{11}{24}$	$\frac{7}{8}$	$3\frac{1}{8}$	$3\frac{2}{11}$

③ Rechne im Heft und übertrage die Ergebnisse.

:	$2\frac{2}{3}$	$1\frac{5}{9}$	$4\frac{2}{3}$	$2\frac{2}{9}$	$5\frac{3}{9}$	16	$4\frac{4}{9}$	$1\frac{5}{27}$	24	40
$10\frac{2}{3}$										
$7\frac{1}{9}$										
Summe der Ergebnisse	$6\frac{2}{3}$	$11\frac{3}{7}$	$3\frac{17}{21}$	8	$3\frac{1}{3}$	$1\frac{1}{9}$	4	15	$\frac{20}{27}$	$\frac{4}{9}$

④ Rechne im Heft und übertrage die Ergebnisse.

:	$\frac{27}{32}$	$1\frac{7}{8}$	$6\frac{3}{8}$	$6\frac{3}{4}$	12	$15\frac{3}{4}$	15	27	$11\frac{1}{4}$	9
$12\frac{3}{8}$										
$8\frac{1}{4}$										
Differenz der Ergebnisse	$4\frac{8}{9}$	$2\frac{1}{5}$	$\frac{11}{17}$	$\frac{11}{18}$	$\frac{11}{32}$	$\frac{11}{42}$	$\frac{11}{40}$	$\frac{11}{72}$	$\frac{11}{30}$	$\frac{11}{24}$

Vermischte Aufgaben

① Addiere.

$7\frac{1}{3} + 3\frac{1}{9} =$	$5\frac{1}{4} + 4\frac{1}{3} =$
$4\frac{1}{5} + 6\frac{1}{4} =$	$3\frac{1}{6} + 3\frac{1}{8} =$
$3\frac{2}{3} + 2\frac{2}{5} =$	$1\frac{5}{8} + \frac{5}{6} =$
$1\frac{1}{7} + 3\frac{1}{3} =$	$1\frac{1}{9} + 1\frac{5}{6} =$
$2\frac{5}{6} + 2\frac{3}{4} =$	$1\frac{5}{12} + 2\frac{1}{8} =$
$1\frac{3}{8} + 4\frac{1}{2} =$	$\frac{7}{9} + 4\frac{1}{12} =$
$2\frac{1}{6} + 3\frac{1}{4} =$	$3\frac{1}{14} + 2\frac{1}{21} =$
$1\frac{5}{9} + 2\frac{2}{3} =$	$6\frac{1}{3} + 4\frac{1}{12} =$

Ungeordnete Ergebnisse: $5\frac{7}{12}$; $5\frac{5}{42}$; $2\frac{17}{18}$; $5\frac{5}{12}$; $10\frac{4}{9}$; $4\frac{2}{9}$; $2\frac{11}{24}$; $10\frac{5}{12}$; $6\frac{1}{15}$; $9\frac{7}{12}$; $4\frac{10}{21}$; $4\frac{31}{36}$; $5\frac{7}{8}$; $3\frac{13}{24}$; $10\frac{9}{20}$; $6\frac{7}{24}$.

② Multipliziere.

$2\frac{1}{4} \cdot 1\frac{3}{9} =$	$4\frac{2}{7} \cdot 1\frac{4}{45} =$
$3\frac{4}{5} \cdot 1\frac{7}{38} =$	$3\frac{5}{6} \cdot 1\frac{1}{23} =$
$2\frac{1}{2} \cdot 3\frac{3}{5} =$	$4\frac{3}{4} \cdot 1\frac{31}{57} =$
$4\frac{1}{4} \cdot 1\frac{1}{34} =$	$2\frac{8}{9} \cdot 1\frac{16}{65} =$
$6\frac{2}{7} \cdot 3\frac{2}{11} =$	$5\frac{1}{2} \cdot 1\frac{5}{33} =$
$3\frac{4}{7} \cdot 8\frac{2}{5} =$	$5\frac{1}{3} \cdot 1\frac{5}{16} =$
$1\frac{4}{9} \cdot 1\frac{11}{52} =$	$8\frac{1}{2} \cdot 1\frac{9}{51} =$
$6\frac{1}{7} \cdot \frac{21}{43} =$	$7\frac{5}{7} \cdot 1\frac{22}{27} =$

Ungeordnete Ergebnisse: $4\frac{1}{2}$; 10; $3\frac{3}{5}$; 30; 3; 14; 20; 3; $6\frac{1}{3}$; $4\frac{3}{8}$; $4\frac{2}{3}$; $7\frac{1}{3}$; 9; 7; $1\frac{3}{4}$; 4.

③ Rechne im Heft und übertrage die Ergebnisse.

:	$3\frac{1}{9}$	$3\frac{1}{2}$	$8\frac{1}{6}$	7	$5\frac{1}{4}$	42	$2\frac{5}{8}$	$17\frac{1}{2}$	$\frac{5}{9}$	$2\frac{2}{27}$
$4\frac{2}{3}$										
$3\frac{1}{2}$										
Summe der Ergebnisse	$2\frac{5}{8}$	$2\frac{1}{3}$	1	$1\frac{1}{6}$	$1\frac{5}{9}$	$\frac{7}{36}$	$3\frac{1}{9}$	$\frac{7}{15}$	$14\frac{7}{10}$	$3\frac{15}{16}$

① Addiere.

$2\frac{1}{5} + 1\frac{3}{4} =$	$5\frac{1}{4} + 1\frac{7}{8} =$
$3\frac{5}{6} + 2\frac{1}{4} =$	$6\frac{1}{2} + 3\frac{1}{7} =$
$4\frac{1}{7} + 3\frac{1}{14} =$	$8\frac{1}{3} + 3\frac{1}{6} =$
$2\frac{3}{5} + 1\frac{3}{10} =$	$4\frac{2}{3} + 6\frac{1}{6} =$
$3\frac{1}{4} + \frac{4}{5} =$	$12\frac{1}{9} + 1\frac{2}{3} =$
$2\frac{1}{9} + 3\frac{1}{3} =$	$6\frac{1}{7} + \frac{11}{14} =$
$2\frac{1}{5} + 1\frac{1}{3} =$	$3\frac{1}{2} + 4\frac{1}{8} =$
$4\frac{1}{9} + \frac{2}{3} =$	$4\frac{1}{5} + 2\frac{4}{15} =$

Ungeordnete Ergebnisse: $5\frac{4}{9}$; $9\frac{9}{14}$; $3\frac{9}{10}$; $6\frac{1}{12}$; $10\frac{5}{6}$; $6\frac{13}{14}$; $4\frac{7}{9}$; $6\frac{7}{15}$; $4\frac{1}{20}$; $7\frac{3}{14}$; $3\frac{19}{20}$; $11\frac{1}{2}$; $13\frac{7}{9}$; $7\frac{1}{8}$; $7\frac{5}{8}$; $3\frac{8}{15}$.

② Subtrahiere.

$6\frac{1}{2} - 4\frac{1}{5} =$	$8\frac{1}{3} - 5\frac{3}{5} =$
$8\frac{8}{9} - 2\frac{2}{3} =$	$7\frac{5}{6} - 6\frac{1}{2} =$
$7\frac{1}{5} - 3\frac{1}{3} =$	$8\frac{1}{9} - 7\frac{1}{6} =$
$6\frac{4}{5} - 3\frac{1}{15} =$	$4\frac{5}{12} - 3\frac{3}{4} =$
$2\frac{7}{8} - 1\frac{5}{6} =$	$6\frac{5}{12} - 3\frac{1}{8} =$
$5\frac{1}{9} - 3\frac{1}{6} =$	$4\frac{1}{3} - 3\frac{1}{7} =$
$6\frac{7}{9} - 4\frac{1}{2} =$	$5\frac{1}{3} - 3\frac{1}{5} =$
$7\frac{1}{2} - 6\frac{1}{5} =$	$6\frac{1}{6} - 4\frac{1}{9} =$

Ungeordnete Ergebnisse: $2\frac{5}{18}$; $1\frac{1}{24}$; $6\frac{2}{9}$; $3\frac{7}{24}$; $1\frac{3}{10}$; $2\frac{2}{15}$; $\frac{17}{18}$; $1\frac{17}{18}$; $3\frac{13}{15}$; $2\frac{11}{15}$; $3\frac{11}{15}$; $2\frac{3}{10}$; $1\frac{4}{21}$; $2\frac{1}{18}$; $1\frac{1}{3}$; $\frac{2}{3}$.

③ Rechne im Heft und übertrage die Ergebnisse.

:	$2\frac{1}{3}$	$2\frac{1}{2}$	$3\frac{1}{8}$	$1\frac{2}{5}$	$4\frac{1}{5}$	$4\frac{3}{8}$	7	$\frac{1}{2}$	28	$\frac{1}{3}$
$8\frac{3}{4}$										
$5\frac{5}{6}$										
Differenz der Ergebnisse	$1\frac{1}{4}$	$1\frac{1}{6}$	$\frac{14}{15}$	$2\frac{1}{12}$	$\frac{25}{36}$	$\frac{2}{3}$	$\frac{5}{12}$	$5\frac{5}{6}$	$\frac{5}{48}$	$8\frac{3}{4}$

Vermischte Aufgaben

① Multipliziere.

$3\frac{1}{2} \cdot 4\frac{1}{3} =$	$5\frac{4}{9} \cdot 1\frac{1}{7} =$
$2\frac{1}{5} \cdot \frac{3}{11} =$	$6\frac{1}{3} \cdot 1\frac{1}{38} =$
$6\frac{1}{4} \cdot 1\frac{3}{5} =$	$7\frac{2}{5} \cdot 2\frac{1}{37} =$
$5\frac{1}{3} \cdot 3\frac{1}{4} =$	$8\frac{1}{7} \cdot \frac{7}{114} =$
$3\frac{1}{9} \cdot 4\frac{1}{7} =$	$2\frac{7}{9} \cdot 1\frac{3}{25} =$
$4\frac{1}{6} \cdot 2\frac{2}{5} =$	$5\frac{1}{2} \cdot 6 =$
$5\frac{1}{9} \cdot \frac{17}{23} =$	$7 \cdot 3\frac{1}{14} =$
$3\frac{5}{7} \cdot 1\frac{1}{13} =$	$1\frac{2}{11} \cdot 1\frac{7}{26} =$

Ungeordnete Ergebnisse: $17\frac{1}{3}$; $\frac{3}{5}$; $3\frac{7}{9}$; 10; $21\frac{1}{2}$; 4; 33; $1\frac{1}{2}$; $6\frac{2}{9}$; 10; 15; $15\frac{1}{6}$, $\frac{1}{2}$, $12\frac{8}{9}$; $3\frac{1}{9}$; $6\frac{1}{2}$.

② Dividiere.

$4\frac{1}{4} : 5 =$	$7\frac{1}{7} : 1\frac{1}{14} =$
$7\frac{1}{9} : 8 =$	$3\frac{2}{9} : 2\frac{4}{27} =$
$4\frac{5}{7} : 11 =$	$4\frac{1}{7} : 2\frac{1}{14} =$
$9\frac{4}{5} : 14 =$	$3\frac{5}{6} : 1\frac{5}{18} =$
$6\frac{2}{9} : 16 =$	$5\frac{3}{5} : 2\frac{2}{15} =$
$9\frac{3}{7} : 44 =$	$1\frac{3}{7} : \frac{30}{49} =$
$4\frac{2}{11} : 92 =$	$2\frac{4}{5} : 1\frac{3}{5} =$
$11\frac{1}{7} : 26 =$	$8\frac{1}{3} : \frac{35}{48} =$

Ungeordnete Ergebnisse: $\frac{7}{18}$; $\frac{3}{7}$; $6\frac{2}{3}$; $2\frac{5}{8}$; $1\frac{3}{4}$; $\frac{1}{22}$; $\frac{7}{10}$; $11\frac{3}{7}$; $1\frac{1}{2}$; 2; 3; $\frac{3}{7}$; $\frac{3}{14}$; $\frac{8}{9}$; $\frac{17}{20}$; $2\frac{1}{3}$.

③ Rechne im Heft und übertrage die Ergebnisse.

–	$3\frac{1}{5}$	$4\frac{1}{6}$	$5\frac{1}{5}$	$8\frac{5}{6}$	$3\frac{1}{8}$	$7\frac{1}{3}$	$4\frac{7}{8}$	$6\frac{3}{5}$	$6\frac{3}{4}$	$6\frac{1}{7}$
$12\frac{1}{2}$										
$11\frac{1}{4}$										
Summe der Ergebnisse	$17\frac{7}{20}$	$15\frac{5}{12}$	$13\frac{7}{20}$	$6\frac{1}{12}$	$17\frac{1}{2}$	$9\frac{1}{12}$	14	$10\frac{11}{20}$	$10\frac{1}{4}$	$11\frac{13}{28}$

Stellenwerttafel

① Trage die Brüche in die Stellenwerttafel ein.

$\frac{7}{10}$; $\frac{18}{100}$; $\frac{3}{100}$; $\frac{5}{10}$; $\frac{26}{100}$; $\frac{816}{1000}$.

... H	Z	E	z	h	t	...
100	10	1	$\frac{1}{10}$	$\frac{1}{100}$	$\frac{1}{1000}$	

② $\frac{16}{10}$; $\frac{314}{100}$; $\frac{147}{10}$; $\frac{8}{1000}$; $\frac{60}{10}$; $\frac{100}{100}$.

... H	Z	E	z	h	t	...
100	10	1	$\frac{1}{10}$	$\frac{1}{100}$	$\frac{1}{1000}$	

Erweitere die Brüche und trage sie in die Stellenwerttafel ein.

③

...	E	z	h	...
$\frac{1}{2} = \frac{5}{10}$	0	5		
$\frac{3}{4} =$				
$\frac{7}{20} =$				
$\frac{1}{5} =$				
$\frac{1}{8} =$				

④

...	E	z	h	...
$\frac{12}{5} =$				
$\frac{6}{4} =$				
$\frac{7}{8} =$				
$\frac{11}{40} =$				
$\frac{8}{125} =$				

Trage die gemischten Zahlen in die Stellenwerttafel ein.

⑤

...	E	z	h	...
$2\frac{1}{4} = 2\frac{25}{100}$	2	2	5	
$5\frac{3}{10} =$				
$7\frac{17}{20} =$				
$1\frac{1}{2} =$				
$3\frac{4}{25} =$				

⑥

...	E	z	h	...
$4\frac{52}{100} =$				
$9\frac{1}{10} =$				
$6\frac{17}{50} =$				
$2\frac{3}{4} =$				
$8\frac{3}{8} =$				

⑦ Vervollständige die Tabelle.

...	H	Z	E	z	h	t	...	Dezimalschreibweise	Bruch	gemischte Zahl
								12,3		
	1	3	6	2						
										$27\frac{9}{10}$
										$6\frac{23}{100}$
			8	1	7					
								4,52		
									$\frac{52}{8}$	

Vergleichen von Dezimalbrüchen

Kennzeichne die Dezimalbrüche auf dem Zahlenstrahl.

① 0,3; 0,6; 0,1; 0,8; 0,5; 1,0; 1,3; 1,7; 1,2; 1,9.

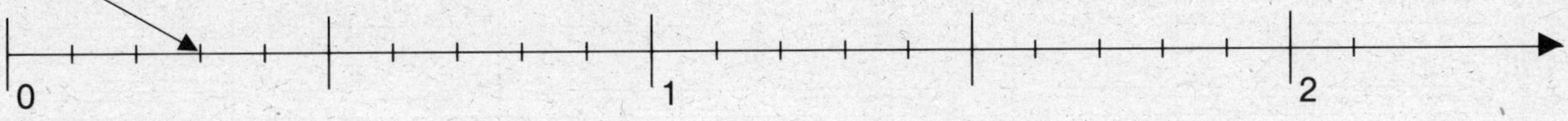

② 0,7; 1,5; 1,8; 2,9; 2,0; 2,3; 3,6; 4,8; 6,2; 8,2.

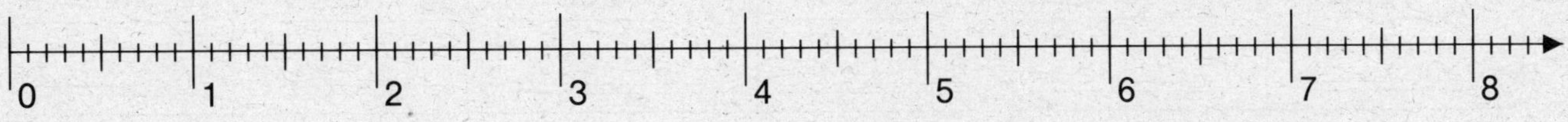

③ 0,75; 0,8; 1,2; 1,7; 1,95; 2,05; 2,40; 2,8; 3,15; 3,3.

Welche Zahlen gehören an die gekennzeichneten Stellen?

④

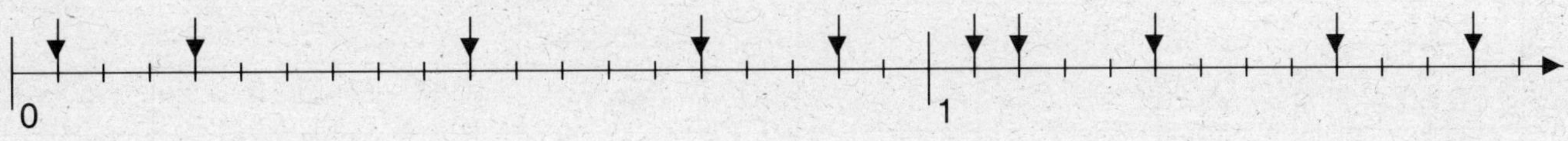

⑤

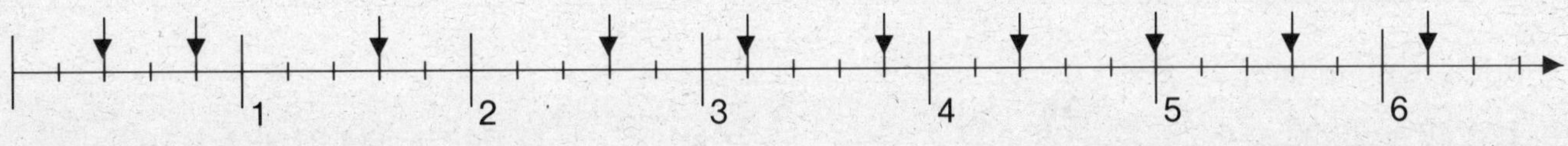

⑥ Setze <, > oder = ein.

5,6	5,7	6,66	6,6	3,7	3,69	$\frac{1}{2}$	0,5
7,4	7,40	10,70	10,700	24,02	23,022	$\frac{1}{4}$	0,28
17,3	16,3	18,18	18,181	5,100	5,10	$\frac{1}{10}$	0,60
4,24	4,25	4,250	4,25	38,7	37,8	$\frac{1}{5}$	0,20
8,08	8,088	29,7	28,77	0,1	1,0	$\frac{1}{8}$	0,126
20,30	20,03	71,021	71,012	53,02	53,020	$\frac{3}{4}$	0,75

Du musst jedes Zeichen 8-mal verwendet haben.

⑦ Notiere jeweils eine Zahl, die zwischen den beiden vorgegebenen Zahlen liegt.

18 und 19 :	3,7 und 4 :	1,02 und 1,03 :	$\frac{1}{5}$ und $\frac{1}{10}$:
0,4 und 0,5 :	5,3 und 5,8 :	5,21 und 5,22 :	$\frac{1}{2}$ und $\frac{1}{3}$:
2,1 und 2,2 :	8,0 und 8,2 :	7,03 und 7,3 :	$\frac{2}{7}$ und $\frac{3}{7}$:

⑥ Ordne die Zahlen der Größe nach – beginne mit der größten Zahl.

31,7; 31,07; 31,77; 31,777 : > > >

8,05; 8 $\frac{5}{10}$; 8,055; 8,55 : > > >

1 $\frac{1}{2}$; 1,501; 1 $\frac{3}{4}$; 1,749 : > > >

Addition von Dezimalbrüchen 1

①

23,04 + 14,20	37,46 + 94,52	52,38 + 14,97	70,00 + 30,04	214,56 + 352,04	89,134 + 432,65
68,022 + 72,08	71,009 + 43,121	0,55 + 55,55	713,74 + 286,02	39,093 + 74,909	124,47 + 563,028

Ungeordnete Ergebnisse: 37,24; 56,10; 67,35; 100,04; 114,002; 114,130; 131,98; 140,102; 521,784; 566,60; 687,498; 999,76.

Rechne im Kopf.

②

+	1,2	4,8	10,3
25,3			
17,8			
2,5			
31,0			
7,4			

③

+	12,3	20,4	18,1
36,6			
82,5			
47,9			
58,1			
61,4			

Addiere schriftlich.

④ 172,45 + 62,03 + 4,6 + 12 + 20,137

⑤ 24,551 + 17,042 + 534,07 + 4 + 1,38

⑥ 6,325 + 142 + 4,0 + 4,002 + 0,079

⑦ 50,505 + 4,040 + 3,303 + 102 + 2,814

+			
+			
+			
+			

Quersummen der Ergebnisse: 20; 21; 22; 23. (Quersumme = Summe der Ziffern)

Bestimme die fehlenden Zahlen.

⑧

7,3 + 24,05 ______	200,01 + , 400,00	 + 17,38 50,00	84,999 + 25,111 ______	 + 20,0 30,064	22,888 + 88,222 ______
 + 8,70 10,00	69,52 + 100,00	 + 472,37 1000,00	30,20 + 500,50	 + 77,77 99,99	422,88 + 422,88

Ungeordnete Ergebnisse: 10,064; 31,35; 32,62; 110,11; 111,11; 199,99; 0; 1,30; 22,22; 30,48; 470,30; 527,63.

①

8,46	100,00	56,14	63,41	208,40	112,15
+ 94,37	+ 46,76	+ 37,09	+ 51,72	+ 44,80	+ 805,25
+ 18,50	+ 75,00	+ 328,08	+ 122,80	+ 80,90	+ 46,00
+ 72,24	+ 84,74	+ 19,02	+ 38,34	+ 170,40	+ 337,35
+ 35,41	+ 32,00	+ 4,00	+ 17,66	+ 11,60	+ 424,75

Ungeordnete Ergebnisse: 228,98; 293,93; 338,50; 444,33; 516,10; 1725,5.

②

41,112	14,721	6,666	50,000	23,464	12,406
+ 62,044	+ 26,408	+ 4,555	+ 30,022	+ 4,374	+ 67,734
+ 73,438	+ 4,512	+ 13,000	+ 90,088	+ 72,256	+ 48,489
+ 84,659	+ 90,529	+ 0,747	+ 0,000	ı 18,786	+ 32,563
+ 95,200	+ 2,703	+ 87,218	+ 19,021	+ 67,490	+ 58,247

Ungeordnete Ergebnisse: 112,186; 138,873; 186,370; 189,131; 219,439; 356,453.

Addiere die Zahlen senkrecht und waagerecht.

③

20,3	1,9	80,1	
4,8	12,6	73,6	
12,9	32,7	36,4	
7,1	41,0	10,2	
30,2	4,3	52,9	
			(421,0)

④

31,3	2,4	19,2	
40,8	7,8	24,7	
2,9	54,7	3,4	
18,3	19,2	61,8	
54,7	3,1	8,2	
			(352,5)

⑤

54,3	17,4	93,1	
7,6	85,2	10,5	
10,2	6,8	82,3	
8,4	92,7	76,4	
22,2	11,9	24,2	
			(603,2)

⑥

38,1	19,8	55,3	
56,2	0,1	7,2	
23,4	4,2	26,8	
40,7	37,3	49,4	
71,0	5,8	3,6	
			(438,9)

Die Kontrollzahl – in Klammern – erhältst du, indem du die Ergebnisse senkrecht oder waagerecht addierst.

⑦ Addiere im Kopf. Nutze Rechenvorteile.

170,5 + 29,5 + 50,7 + 12,0 + 49,3 + 88 =

38,4 + 122 + 61,6 + 38,9 + 278,0 + 61,1 =

Die Summe der beiden Ergebnisse beträgt 1000.

Subtraktion von Dezimalbrüchen 1

①

100,00	89,26	238,35	432,10	478,80	354,50
– 53,49	– 72,04	– 98,77	– 305,52	– 289,56	– 241,48
82,389	111,333	751,397	302,000	170,793	156,987
– 51,473	– 87,548	– 518,424	– 47,329	– 92,000	– 43,682

Ungeordnete Ergebnisse: 17,22; 23,785; 30,916; 46,51; 78,793; 113,02; 113,305; 126,58; 139,58; 189,24; 232,973; 254,671.

Rechne im Kopf.

②

–	24,5	16,3	8,7
100			
50			
67			
33			
46			

③

–	10,3	20,7	16,5
83,3			
49,6			
64,9			
73,5			
58,4			

Subtrahiere schriftlich.

④ 500 – 232,47 – 170,72 – 2,35 – 0,03

⑤ 842,65 – 20 – 200,00 – 312 – 0,312

⑥ 731,70 – 53,1 – 531 – 28,92 – 1,07

⑦ 100 – 0,02 – 1,20 – 2,01 – 2,76

–			
–			
–			
–			

Quersummen der Ergebnisse: 20; 18; 16; 14.

Bestimme die fehlenden Zahlen.

⑧

198,47	20,00		30,90	99,99	
– 70,32	–	– 11,22	–	– 78,88	– 47,27
	10,20	33,44	8,04		60,34
182,49	706,32		132,47		364,00
– 57,86	– 91,45	– 58,95	–	– 20,01	–
		21,95	132,47	80,70	274,50

Ungeordnete Ergebnisse: 9,8; 21,11; 22,86; 44,66; 107,61; 128,15; 0; 80,90; 89,50; 100,71; 124,63; 614,87.

①

189,89	200,00	376,85	111,01	523,46	888,68
− 41,47	− 72,56	− 0,02	− 23,13	− 158,73	− 213,07
− 73,61	− 83,42	− 100,00	− 4,08	− 76,82	− 174,68
− 24,15	− 1,56	− 43,47	− 16,74	− 249,41	− 301,89
− 10,32	− 28,70	− 8,52	− 8,59	− 37,56	− 198,51

Ungeordnete Ergebnisse: 0,53; 0,94; 13,76; 40,34; 58,47; 224,84.

②

98,002	94,234	84,065	91,000	88,848	79,030
− 10,147	− 22,222	− 12,319	− 27,020	− 20,967	− 0,303
− 21,036	− 8,000	− 27,650	− 38,030	− 11,898	− 10,010
− 9,001	− 17,173	− 8,413	− 11,040	− 22,749	− 53,401
− 13,200	− 30,456	− 34,872	− 1,060	− 10,987	− 9,700

Ungeordnete Ergebnisse: 0,811; 5,616; 13,850; 16,383; 22,247; 44,618.

Rechne im Kopf.

③

−	1,1	2,2	3,3
10,1			
20,2			
30,3			

④

−	10,5	21,0	25,3
100			
250			
470			

⑤ Nutze Rechenvorteile.

100 − 20,4 − 10,6 − 3,7 − 33,3 =

200 − 50,1 − 50,8 − 60,2 − 9,9 =

300 − 70,8 − 0,9 − 1,1 − 129,2 =

400 − 60,7 − 70,3 − 80,8 − 147,2 =

500 − 90,4 − 100 − 9,6 − 300 =

Die Summe der 5 Ergebnisse beträgt 200.

Berechne die fehlenden Zahlen.

⑥

639,64	
− 317,25	
−	
266,84	

⑦

− 162,51	
− 274,63	
362,86	

⑧

817,36	
− 405,07	
−	
301,18	

Multiplikation von Dezimalbrüchen 1

Rechne im Kopf.

①

1,2 · 3 =
2,6 · 2 =
4 · 3,1 =
6 · 1,8 =
7 · 1,5 =
1,3 · 8 =

②

1,3 · 9 =
7 · 1,6 =
4 · 1,8 =
1,1 · 6 =
8 · 1,9 =
2,5 · 5 =

③

6 · 3,7 =
2,4 · 4 =
5,3 · 3 =
5 · 11,8 =
7 · 10,2 =
8,5 · 7 =

④

3,1 · 0,2 =
0,3 · 0,4 =
0,5 · 9 =
8,8 · 0,3 =
0,7 · 1,8 =
0,1 · 2,7 =

⑤

·	10	100	1000
5,00			
7,65			
11,00			
27,26			
53,78			

⑥

·	12,7	37,45	607,82
10			
1,0			
100			
10,0			
1000			

Rechne schriftlich.

⑦

17,32 · 4,3	537,6 · 8,4	3,6847 · 0,9	3,247 · 68
5734 · 6,8	5684 · 79	703,08 · 1,4	84,014 · 2,5
738,0 · 44,0	1,008 · 0,013	0,0047 · 3,1	41,745 · 3,9

Ungeordnete Ergebnisse: 0,013104; 0,01457; 3,31623; 74,476; 162,8055; 210,035; 220,796; 984,312; 4515,84; 32472; 38991,2; 449036.

⑧ Führe eine Überschlagsrechnung durch und ordne das richtige Ergebnis zu.

Aufgabe	1,87 · 3,02	2,07 · 1,89	3,74 · 1,32	5,67 · 4,02	7,38 · 3,86
Überschlags-rechnung	2 · 3 = 6				
Lösung					

Ungeordnete Ergebnisse: 3,9123; 4,9368; 5,6474; 22,7934; 28,4868.

Multiplikation von Dezimalbrüchen 2

Rechne im Kopf.

①

·	0,2	0,8	0,5
1,5			
2,0			
1,3			
1,7			
1,9			

②

·	0,9	1,1	3,0
1,2			
0,8			
1,6			
1,4			
1,8			

Führe eine Überschlagsrechnung durch und setze dann im Ergebnis das Komma.

③
- 6,8 · 4,1 = 2 788
- 10,2 · 5,7 = 5 814
- 7,3 · 1,8 = 1 314
- 8,7 · 9,6 = 8 352
- 20,3 · 8,0 = 1 624
- 5,6 · 3,3 = 1 848

④
- 1,51 · 52 = 7 852
- 2,3 · 0,01 = 23
- 4,9 · 6,8 = 3 332
- 0,21 · 0,4 = 84
- 7,3 · 8,7 = 6 351
- 5,0 · 66 = 330

⑤
- 1,03 · 2,1 = 2 163
- 100 · 7,3 = 7 300
- 6,84 · 0,8 = 5 472
- 45 · 6,7 = 3 015
- 70,5 · 9,2 = 6 486
- 56,2 · 14 = 7 868

⑥
- 46,2 · 8 = 3 696
- 80,0 · 0,7 = 56
- 3,7 · 1,4 = 518
- 9,12 · 35 = 3 192
- 24 · 11,2 = 2 688
- 3,8 · 8,7 = 3 306

⑦

46,35 · 12,34	90,70 · 5,708	4538 · 0,017
68,07 · 2,045	5,216 · 84,70	11,88 · 23,23
16,09 · 64,5	87,34 · 20,81	478,9 · 1,75

Ungeordnete Ergebnisse: 77,146; 139,20315; 275,9724; 441,7952; 517,7156; 571,959; 838,075; 1037,805; 1817,5454.

Division von Dezimalbrüchen 1

Rechne im Kopf.

①

2,4 : 3 =
10,5 : 5 =
6,3 : 7 =
7,2 : 10 =
156 : 10 =
8,8 : 4 =

②

27 : 30 =
42 : 70 =
66 : 60 =
10,0 : 50 =
48 : 80 =
10 : 20 =

③

12,1 : 11 =
12,0 : 15 =
8 : 20 =
65 : 13 =
3,4 : 17 =
14,4 : 12 =

④

12,6 : 18 =
5,6 : 7 =
38,5 : 1 =
25 : 25 =
72,7 : 10 =
8,1 : 3 =

⑤

:	10	100	1 000
28,2			
74,0			
128,3			
951,7			
1 600,5			

⑥

:	10	100	1 000
41,40			
5,63			
12,30			
0,21			
140,50			

Rechne wie im Beispiel.

⑦

73,8 : 12 = 6,15
72
 18
 12
  60
  60
   0

Probe:
6,15 · 12
615
1230
73,80

45,63 : 13 =

872,3 : 61 =

974,4 : 112 =

493,5 : 47 =

381,52 : 76 =

1,360 : 68 =

3816 : 159 =

317,5 : 25 =

Ungeordnete Ergebnisse: 0,02; 3,51; 5,02; 8,7; 10,5; 12,7; 14,3; 24.

Division von Dezimalbrüchen 2

Rechne im Heft und trage die Lösungen – wie im Beispiel – in die Tabellen ein.

①

10,20 : 1,5 = 102,0 : 15 = 6,8
17,86 : 4,7 =
32,76 : 6,3 =
7,21 : 0,7 =
5,34 : 8,9 =
26,04 : 2,1 =

②

20,43 : 0,3 =
73,95 : 1,7 =
59,52 : 9,3 =
9,30 : 0,6 =
71,20 : 8,9 =
239,40 : 7 =

Ungeordnete Ergebnisse: 0,6; 3,8; 5,2; 6,4; 8,0; 10,3; 12,4; 15,5; 34,2; 43,5; 68,1.

③ Rechne wie im Beispiel.

55,88 : 4,4 =
558,8 : 44 = 12,7
44
118
88
308
308
0

Probe:
12,7 · 44
508
508
55,88

24,96 : 0,52 =

22,518 : 8,1 =

80,58 : 1,02 =

190,84 : 52 =

811,22 : 9,4 =

131,04 : 6,3 =

202,39 : 3,7 =

3,681 : 0,09 =

Ungeordnete Ergebnisse: 2,78; 3,67; 20,8; 40,9; 48; 54,7; 79; 86,3.

Rechne im Kopf.

④

:	2	0,4	1,2
4,8			
24,0			
0,12			
3,6			

⑤

:	5,0	0,5	2,5
100			
25,0			
2,5			
75,0			

Rechnen mit Dezimalbrüchen – Vermischte Übungen 1

Rechne im Kopf.

①

+	1,3	2,5	3,7
0,7			
10,2			
24,8			
66,4			
89,0			

②

–	0,1	1,1	11,1
11,2			
24,5			
35,0			
50,1			
100,8			

③

·	0,7	1,1	5,0
7,0			
15,0			
0,3			
1,7			
3,2			

④

:	5	10	0,3
15,0			
10,5			
45,0			
3,0			
27,0			

Rechne schriftlich.

⑤

```
   1,043
 + 4,176
 − 0,829
 − 2,503
 + 8,344
 − 1,217
```

```
   7,002
 + 8,458
 + 0,631
 − 6,524
 − 3,296
 + 9,107
```

160 − 72,4 − 8,3 − 0,09 + 12 =

307,60 · 2,74

794,08 · 1,05

54,12 : 13,2 =

9,282 : 3,64 =

(32,8 + 14,2) · 5,68 =

828,9 : (12,3 − 7,8) =

Ungeordnete Ergebnisse: 2,55; 4,1; 9,014; 15,378; 91,21; 184,2; 266,96; 833,784; 842,824.

Rechnen mit Dezimalbrüchen – Vermischte Übungen 2

Rechne im Heft. Trage die Ergebnisse ein.

① 776,15 + 0,658 + 41,59 + 65,45 + 114,523 + 398,629 =

106,34 + 29,763 + 8,94 + 7,983 + 62,787 + 0,187 =

458,62 – 38,80 – 102,6 – 3,89 – 213,47 – 24,86 =

1 841,74 – 905,364 – 35,873 – 71,456 – 60,141 – 45,906 =

1 506,72 – 570,48 + 43,49 – 817,02 + 63,008 – 136,718 =

Die Summe der 5 Ergebnisse beträgt 2 500.

② 0,008 · 0,007 · 0,03 · 0,02 · 1 000 · 30 000 =

127 512 : 25 : 25,3 : 15 : 5,6 : 0,15 =

8,46 · 2,31 : 30 · 100 : 0,6 · 1,2 : 4 =

(18,42 – 6,02) : (12,84 + 7,16) =

(29,74 – 27,24) · (0,843 + 1,0774) =

Die Summe der 5 Ergebnisse beträgt 55.

③ Notiere zu den Aufgaben eine Überschlagsrechnung und ordne das richtige Ergebnis zu.

Aufgabe	Überschlagsrechnung	Ergebnis	Aufgabe	Überschlagsrechnung	Ergebnis
3,85 · 11,5			82,6 : 14,0		
4,70 · 19,08			273,05 : 21,5		
0,2 · 56,7			158,34 : 7,8		
5,7 · 8,90			28,56 : 6,8		
8,55 · 21,3			5,94 : 0,3		

Ungeordnete Ergebnisse: 4,2; 5,9; 11,34; 12,7; 19,8; 20,3; 44,275; 50,73; 89,676; 182,115.

④ Runde die Zahlen wie angegeben.

Zahl	1,368	2,047	17,409	56,987	71,002	$1,\overline{5}$	$0,\overline{3}$	$0,\overline{63}$
auf Zehntel								
auf Hundertstel								
auf eine ganze Zahl								

Rechne im Kopf.

⑤	⑥	⑦	⑧
17,1 + 3,9 =	10 – 6,4 =	1,02 · 3 =	8,4 : 6 =
8,4 + 2,2 =	5,8 – 4,5 =	0,04 · 1,6 =	11,9 : 0,7 =
3,9 + 5,0 =	8,7 – 5,2 =	5,12 · 2 =	10 : 4 =
0,8 + 3,7 =	9,2 – 7,0 =	4,0 · 3,1 =	5 : 20 =
1,1 + 1,1 =	6,4 – 5,4 =	7,1 · 0,4 =	100 : 8 =

Vervollständige die Tabellen.

①

Bruchzahl	$\frac{1}{2}$	$\frac{1}{4}$	$\frac{2}{4}$	$\frac{3}{4}$	$\frac{1}{5}$	$\frac{2}{5}$	$\frac{3}{5}$	$\frac{4}{5}$	$\frac{5}{5}$	$\frac{1}{8}$
Dezimalbruch										

②

Bruchzahl	$\frac{3}{8}$	$\frac{5}{8}$	$\frac{7}{8}$	$\frac{1}{10}$	$\frac{2}{10}$	$\frac{3}{10}$	$\frac{7}{10}$	$\frac{8}{10}$	$\frac{9}{10}$	$\frac{10}{10}$
Dezimalbruch										

③

Bruchzahl										
Dezimalbruch	0,25	0,3	0,75	0,125	1,0	0,60	0,5	0,875	0,4	0,70

④

Bruchzahl	$\frac{1}{3}$	$\frac{2}{3}$	$\frac{1}{6}$	$\frac{2}{6}$	$\frac{3}{6}$	$\frac{4}{6}$	$\frac{5}{6}$
Dezimalbruch							

Rechne im Heft und trage in die Tabellen ein.

⑤

	Dezimalbruch
$\frac{1}{7} =$	
$\frac{2}{7} =$	
$\frac{3}{7} =$	
$\frac{4}{7} =$	
$\frac{5}{7} =$	
$\frac{6}{7} =$	

⑥

	Dezimalbruch
$\frac{1}{9} =$	
$\frac{2}{9} =$	
$\frac{4}{9} =$	
$\frac{5}{9} =$	
$\frac{7}{9} =$	
$\frac{8}{9} =$	

⑦

	Dezimalbruch
$\frac{1}{12} =$	
$\frac{3}{12} =$	
$\frac{5}{12} =$	
$\frac{7}{12} =$	
$\frac{8}{12} =$	
$\frac{11}{12} =$	

⑧

Bruchzahl	$\frac{1}{11}$	$\frac{2}{11}$	$\frac{3}{11}$	$\frac{4}{11}$	$\frac{5}{11}$	$\frac{6}{11}$	$\frac{7}{11}$	$\frac{8}{11}$	$\frac{9}{11}$	$\frac{10}{11}$
Dezimalbruch										

Trage die gesuchte Zahl ein.

⑨

Bruchzahl	Dezimalbruch
$1\frac{4}{5}$	
$\frac{7}{8}$	
$3\frac{2}{3}$	
$\frac{1}{3}$	
$6\frac{3}{4}$	

⑩

Bruchzahl	Dezimalbruch
	20,5
	8,25
	5,01
	13,6
	7,35

⑪

Bruchzahl	Dezimalbruch
$4\frac{1}{9}$	
	$0{,}\overline{6}$
$7\frac{37}{50}$	
	1,375
$10\frac{87}{100}$	

Ungeordnete Ergebnisse (gekürzt): $\frac{2}{3}$; $1\frac{3}{8}$; $5\frac{1}{100}$; $7\frac{7}{20}$; $8\frac{1}{4}$; $13\frac{3}{5}$; $20\frac{1}{2}$; $0{,}\overline{3}$; 0,875; 1,8; $3{,}\overline{6}$; $4{,}\overline{1}$; 6,75; 7,74; 10,87.

⑫ Zeichne die Lösungspfeile so ein, dass gilt: „ist gleich".

$\frac{1}{2}$	0,2
$\frac{1}{4}$	0,75
$\frac{7}{10}$	0,7
$\frac{1}{5}$	0,5
$\frac{3}{4}$	0,25

$\frac{1}{3}$	0,125
$\frac{2}{3}$	$0{,}\overline{3}$
$\frac{1}{8}$	0,375
$\frac{3}{8}$	0,1
$\frac{1}{10}$	$0{,}\overline{6}$

$0{,}\overline{09}$	$\frac{1}{6}$
$0{,}1\overline{6}$	$\frac{8}{10}$
0,8	$\frac{1}{11}$
0,875	$\frac{4}{9}$
$0{,}\overline{4}$	$\frac{7}{8}$

Umwandlung von Größen – Zeit, Geld und Gewicht

Vervollständige die Tabellen.

①

3 h	$\frac{1}{2}$ h	h	h	1 h	30 min	6 min	min	h
min	min	90 min	45 min	s	s	h	120 s	300 s

②

1 a	3 a	12 a	4 d	a	a	d	$\frac{1}{4}$ d	1 h
d	Mon	Mon	h	84 Mon	3 Mon	168 h	h	min

③

1,63 EUR	EUR	0,80 EUR	EUR	50 EUR	3,58 EUR	$\frac{1}{4}$ EUR	EUR	EUR
ct	50 ct	ct	100 ct	ct	ct	ct	68 ct	2 ct

④

3 t	0,3 t	$\frac{1}{2}$ t	t	t	t	0,006 t	t	1,9 t
kg	kg	kg	750 kg	50 kg	3 800 kg	kg	7 kg	kg

⑤

5 kg	$\frac{1}{4}$ kg	0,7 kg	kg	kg	2 g	g	1,270 g	g
g	g	g	100 g	1 500 g	mg	333 mg	mg	8 mg

Gib in Kommaschreibweise an.

⑥

1 t 488 kg =	t
5 t 60 kg =	t
9 t 7 kg =	t
2 kg 800 g =	kg
6 kg 74 g =	kg
4 kg 459 g =	kg

⑦

14 EUR 86 ct	EUR
25 EUR 77ct	EUR
72 EUR 5ct	EUR
27 EUR	EUR
56 EUR 2 ct	EUR
430 ct	EUR

Die Summe betragen: 15,555 t; 13,333 kg; 200 EUR.

⑧

Münzen	1 EUR	50 ct	10 ct	5 ct	2 ct	1 ct	Kommaschreibweise
Anzahl:	1	0	1	0	2	1	
Anzahl:	3	1	0	3	1	0	
Anzahl:	2	0	1	2	3	1	
Anzahl:	1	1	2	1	4	2	
Anzahl:	0	1	3	4	1	4	

Die Summe der 5 Geldbeträge lautet: 10,00 EUR.

Gib in den vorgegebenen Einheiten an.

⑨

1,782 kg =	g
0,324 t =	kg
2,500 g =	mg

⑩

8052 g =	kg
450 mg =	g
1,031 kg =	g

⑪

2,047 t =	kg
187 g =	kg
0,020 kg =	g

Vervollständige die Tabellen.

①

1 m	1 m	1 m	1 dm	1 cm	300 cm	163 dm	12 m	50 cm
dm	cm	mm	cm	mm	m	m	cm	m

②

1 km²	1 ha	1 a	1 m²	1 dm²	1 cm²	7 m²	dm²	4 cm²
ha	a	m²	dm²	cm²	mm²	dm²	8 000 cm²	mm²

③

1 m³	1 dm³	1 cm³	48 dm³	cm³	2 m³
dm³	cm³	mm³	cm³	63 000 mm³	cm³

Gib in den vorgegebenen Einheiten an.

④

6 m =	cm
42 m =	dm
3 dm =	cm
38 dm =	mm
15 cm =	mm
700 cm =	m
1 000 mm =	cm
600 mm =	dm
3 400 cm =	m
21 m =	cm

⑤

7 km² =	ha
16 ha =	a
32 a =	m²
51 m² =	dm²
200 dm² =	m²
85 cm² =	mm²
60 mm² =	cm²
5 000 cm² =	dm²
11 m² =	cm²
23 ha =	a

⑥

1 m³ =	dm³
2 dm³ =	cm³
3 cm³ =	mm³
9 000 mm³ =	cm³
14 000 cm³ =	dm³
73 000 dm³ =	m³
8 m³ =	dm³
30 000 cm³ =	dm³
2 m³ =	cm³
6 000 dm³ =	m³

Gib die Kommaschreibweise an.

⑦

35 m 2 dm	=	m
75 m 1 cm	=	m
29 m 48 mm	=	m
6 m 32 cm	=	m
120 dm 9 cm	=	m
42 m 332 mm	=	m

⑧

204 m² 60 dm²	=	m²
173 m² 4 000 cm²	=	m²
489 dm²	=	m²
81 100 cm²	=	m²
96 m² 70 dm²	=	m²
12 m² 30 dm²	=	m²

Die Summen betragen 200 m und 500 m².

⑨

154 dm³ 6 200 cm³	=	154 dm³ + 6,200 dm³	=	160,200 dm³
203 dm³ 8 400 cm³	=		=	dm³
78 dm³ 650 cm³	=		=	dm³
414 dm³ 7 300 cm³	=		=	dm³
128 dm³ 450 cm³	=		=	dm³

Die Summe der Volumen beträgt 1 m³.

Rechnen mit Größen 1

Rechne im Kopf.

①

38 min + 7 min	=
11 s · 13	=
24 h – 45 min	=
7 min – 30 s	=
58 s + 26 s	=
4 h : 8	=
17 s · 3	=
31 min + 31 min	=
3 h : 2	=
11 h – 1,5 h	=

②

104 EUR – 6 EUR	=
85 ct + 42 ct	=
8,00 EUR : 4	=
1,30 EUR · 7	=
5,04 EUR : 2	=
99 ct + 91 ct	=
700 ct : 10	=
2,35 EUR · 3	=
93 ct – 50 ct	=
0,71 EUR · 5	=

③

3 t · 18	=
27 kg – 19 kg	=
5,4 g : 6	=
62 mg + 38 mg	=
0,8 t · 4	=
400 t : 25	=
9 kg – 1,2 kg	=
7,7 g : 7	=
11 kg – 3 kg	=
5,8 g + 7 g	=

Vervollständige die Tabellen.

④

173 kg	10,7 t	435 g	EUR	5,90 EUR	2,00 EUR	$6\frac{1}{2}$ h	min	479 s
+ kg	– t	+ 586 g	– 0,20 EUR	+ 1,30 EUR	+ EUR	– h	– 21 min	+ 45 s
800 kg	1,8 t	g	3,70 EUR	EUR	4,78 EUR	5 h	63 min	s

⑤

125 kg · = 5 000 kg	24 h · 1,5 = h	100 EUR · 2,2 = EUR
575 t · = 4 600 t	60 s · = 720 s	1,53 EUR · = 7,65 EUR
250 g · = 2 000 g	45 min · 6 = min	EUR · 12 = 1,20 EUR

⑥

4 860 ct : = 243 ct	1 800 g : = 36 g	min : 7 = 13 min
225 ct : 15 = ct	100 mg : 12,5 = mg	9,6 h : = 12 h
ct : 70 = 840 ct	6 480 t : = 1 620 t	14,0 s : 1,4 = s

⑦ Rechne schriftlich.

137, 38 EUR + 84,51 EUR + 306,26 EUR + 471,85 EUR	100,00 EUR – 26,65 EUR – 14,37 EUR – 58,98 EUR	19,85 EUR · 25,3
222 kg · 0,45	5 000 mg : 12,5 =	20,350 kg : 3,7 =

Die Ergebnisse sind auffällige Zahlen.

①

26,147 kg	52,04 m	11,050 cm^3	1,456 t	250,30 ha	4,369 m^2
+ 47,085 kg	+ 76,19 m	+ 9,764 cm^3	+ 3,473 t	+ 178,40 ha	+ 7,548 m^2

②

37,896 t	80,000 cm^3	270,0 km	188,33 m	500,00 cm	672,3 a
− 29,532 t	− 73,740 cm^3	− 184,0 km	− 41,75 m	− 412,72 cm	− 583,4 a

Rechne im Kopf.

③

·	4	0,5	10
1,50 m			
70 t			
300 ha			
4,5 m^3			
20,0 cm^2			

④

:	5	0,2	10
550 mm^2			
8,0 kg			
1 dm			
20 ha			
10,50 EUR			

⑤ 17,7 cm + 0,9 dm + 33 mm = 17,7 cm + 9 cm + 3,3 cm = 30,0 cm

2,6 dm + 42 cm + 820 mm = = cm

61,5 cm + 3,2 dm + 65 mm = = cm

53,6 cm + 0,75 m + 1,14 dm = = cm

0,4 dm + 680 mm + 48,0 cm = = cm

Ergebnisse (ungeordnet): 100 cm; 120 cm; 140 cm; 150 cm.

⑥ 20 m^2 − 821 dm^2 − 37 900 cm^2 = = dm^2

720 dm^2 − 6 300 cm^2 − 1,57 m^2 = = dm^2

5 m^2 − 9 400 cm^2 − 6 dm^2 = = dm^2

10 m^2 − 735 dm^2 − 16 500 cm^2 = = dm^2

300 dm^2 − 1 000 cm^2 − 0,9 m^2 = = dm^2

Ungeordnete Ergebnisse: 100 dm^2; 200 dm^2; 400 dm^2; 500 dm^2; 800 dm^2.

⑦

Ergänze auf 1 m^2:		Ergänze auf 1 m^3:		die Hälfte von:		das Doppelte von:	
45 dm^2		555 dm^3		1 h 30 min		0,37 EUR	
6 200 cm^2		230 dm^3		11 h 7 min		2,08 EUR	
3 dm^2		0,7 m^3		5 h 10 min		49 ct	
8 900 cm^2		813 dm^3		37 s		127 ct	
17,5 dm^2		500 000 cm^3		2 min 1 s		3,09 EUR	

① Berechne den Umfang des Quadrates.

a	33 cm	67 cm	79 cm	113 cm	95 cm	147 cm	125 cm	89 cm
u								

Ungeordnete Ergebnisse: 452 cm; 132 cm; 588 cm; 268 cm; 500 cm; 316 cm; 380 cm; 356 cm.

② Berechne den Umfang des Quadrates.

a	19,5 cm	33,4 cm	$4\frac{1}{2}$ cm	$3\frac{3}{4}$ cm	$9\frac{3}{8}$ cm	22,6 cm	14,8 cm	57,2 cm
u								

Ungeordnete Ergebnisse: 133,6 cm; $37\frac{1}{2}$ cm; 78 cm; 15 cm; 228,8 cm; 18 cm; 90,4 cm; 59,2 cm.

③ Berechne den Flächeninhalt des Quadrates.

a	1,7 m	37,1 cm	14,7 cm	123 cm	19 m	87 cm	52,9 cm	16,8 cm
A								

Ungeordnete Ergebnisse: 216,09 cm^2; 2,89 m^2; 361 m^2; 2 798,41 cm^2; 1 376,41 cm^2; 15 129 cm^2; 7 569 cm^2; 282,24 cm^2.

④ Berechne den Flächeninhalt des Quadrates.

a	12,7 cm	67,4 cm	$\frac{3}{4}$ m	11,1 m	12,5 m	$1\frac{3}{4}$ m	27,2 m	$2\frac{1}{2}$ m
A								

Ungeordnete Ergebnisse: $6\frac{1}{4}$ m^2; 161,29 cm^2; 123,21 m^2; 739,84 m^2; 156,25 m^2; 4 542,76 cm^2; $\frac{9}{16}$ m^2; $3\frac{1}{16}$ m^2.

⑤ Berechne die fehlenden Größen des Quadrates.

a				12,9 cm	20,25 cm			12,7 cm
u	44,8 cm	110 cm	66 cm			146 cm	78,4 cm	

Ungeordnete Ergebnisse: 16,5 cm; 11,2 cm; 36,5 cm; 51,6 cm; 50,8 cm; 19,6 cm; 81 cm; 27,5 cm.

a		$3\frac{1}{4}$ cm			19,75 cm	$6\frac{5}{9}$ cm	12,85 cm	
u	45,6 cm		$16\frac{4}{5}$ cm	$21\frac{1}{3}$ cm				65 cm

Ungeordnete Ergebnisse: 13 cm; $5\frac{1}{3}$ cm; $26\frac{2}{9}$ cm; 11,4 cm; $4\frac{1}{5}$ cm; 16,25 cm; 79 cm; 51,4 cm.

a	19,2 cm	$3\frac{1}{2}$ cm			31,2 cm	0,3 m		
A			$\frac{1}{4}$ m^2	$6\frac{1}{4}$ m^2			0,04 m^2	0,81 m^2

Ungeordnete Ergebnisse: $\frac{1}{2}$ m; 368,64 cm^2; 0,2 m; $2\frac{1}{2}$ m; 973,44 cm^2; $12\frac{1}{4}$ cm^2; 0,09 m^2; 0,9 m.

⑥ Bestimme den Umfang des Quadrates in Zentimeter.

a	1,25 m	0,77 m	14,1 dm	12,6 dm	0,71 dm	2,27 m	31 dm	6,13 m
u								

Ungeordnete Ergebnisse: 564 cm; 28,4 cm; 500 cm; 1 240 cm; 504 cm; 908 cm; 308 cm; 2 452 cm.

⑦ Bestimme den Flächeninhalt des Quadrates in Quadratzentimeter.

a	0,70 m	1,20 m	0,35 m	6,1 dm	0,09 m	6,12 m	0,84 m	12,7 dm
A								

Ungeordnete Ergebnisse: 81 cm^2; 14 400 cm^2; 16 129 cm^2; 374 544 cm^2; 4 900 cm^2; 3 721 cm^2; 7 056 cm^2; 1 225 cm^2.

① Bestimme den Umfang des Rechtecks.

a	59 cm	83 cm	36 cm	58 cm	2,8 cm	5,3 cm	8,6 cm	43 cm
b	21 cm	117 cm	94 cm	42 cm	5,7 cm	6,7 cm	6,4 cm	57 cm
u								

Ungeordnete Ergebnisse: 200 cm; 30 cm; 200 cm; 17 cm; 400 cm; 24 cm; 260 cm; 160 cm.

a	8,1 cm	0,84 m	6,3 dm	3,5 cm	0,64 m	0,89 m	6,1 dm	8,6 dm
b	2,4 cm	0,67 m	7,8 dm	6,2 cm	0,34 m	0,79 m	4,1 dm	4,8 dm
u								

Ungeordnete Ergebnisse: 28,2 dm; 26,8 dm; 1,96 m; 3,02 m; 3,36 m; 19,4 cm; 21 cm; 20,4 dm.

② Bestimme den Flächeninhalt des Rechtecks.

a	17 cm	21,5 cm	18,5 cm	31 cm	27,9 cm	13,4 cm	19,3 cm	51,6 cm
b	12,7 cm	14 cm	12 cm	22,3 cm	18 cm	42 cm	25 cm	37 cm
A								

Ungeordnete Ergebnisse: 222 cm^2; 482,5 cm^2; 691,3 cm^2; 215,9 cm^2; 562,8 cm^2; 1 909,2 cm^2; 502,2 cm^2; 301 cm^2.

a	34,6 cm	11,1 cm	27,4 cm	52 cm	27,4 cm	42,6 cm	37,4 cm	47,2 cm
b	27 cm	16,6 cm	35 cm	31,5 cm	24 cm	33 cm	21,6 cm	20,5 cm
A								

Ungeordnete Ergebnisse: 1 638 cm^2; 184,26 cm^2; 1 405,8 cm^2; 959 cm^2; 934,2 cm^2; 807,84 cm^2; 657,6 cm^2; 967,6 cm^2.

a	19,7 cm	22,8 cm	43,7 cm	51,9 cm	33,7 cm	59,4 cm	12,6 cm	19,2 cm
b	31,4 cm	16,9 cm	27,4 cm	26,4 cm	16,8 cm	35,5 cm	47,7 cm	34,4 cm
A								

Ungeordnete Erg.: 1197,38 cm^2; 566,16 cm^2; 385,32 cm^2; 1370,16 cm^2; 618,58 cm^2; 2 108,7 cm^2; 601,02 cm^2; 660,48 cm^2.

③ Bestimme die fehlenden Größen des Rechtecks.

a		8 cm	21,4 cm	16,9 cm			7,2 cm	10,7 cm
b	5 cm				34,7 cm	8,9 cm		
A	63 cm^2	152,8 cm^2	256,8 cm^2	253,5 cm^2	728,7 cm^2	97,9 cm^2	121,68 cm^2	116,63 cm^2

Ungeordnete Ergebnisse: 12 cm; 12,6 cm; 15 cm; 11 cm; 10,9 cm; 21 cm; 19,1 cm; 16,9 cm.

a	31 cm			71 cm	68 cm	79 cm		
b		76 cm	32 cm				52 cm	56 cm
u	100 cm	240 cm	90 cm	190 cm	160 cm	260 cm	290 cm	270 cm

Ungeordnete Ergebnisse: 44 cm; 24 cm; 93 cm; 79 cm; 19 cm; 51 cm; 13 cm; 12 cm.

a	77 cm		78 cm	8 cm	6,8 cm	4,4 cm		
b		42 cm					2,3 cm	4,9 cm
u	212 cm	222 cm	348 cm	19,4 cm	17,8 cm	16,6 cm	22,2 cm	25,6 cm

Ungeordnete Ergebnisse: 96 cm; 8,8 cm; 29 cm; 69 cm; 2,1 cm; 7,9 cm; 1,7 cm; 3,9 cm.

Der Würfel

① Berechne das Volumen des Würfels.

a	17 cm	12 cm	31 cm	22 cm	19 cm	45 cm
V						

Ungeordnete Ergebnisse: 29 791 cm^3; 91 125 cm^3; 10 648 cm^3; 4 913 cm^3; 6 859 cm^3; 1 728 cm^3.

a	13,1 cm	14,7 cm	21,6 cm	19,3 cm	39,6 cm	15,4 cm
V						

Ungeordnete Ergebnisse: 10 077,696 cm^3; 62 099,136 cm^3; 3 176,523 cm^3; 2 248,091 cm^3; 3 652,264 cm^3; 7 189,057 cm^3.

a	0,9 dm	1,25 m	16,3 cm	0,98 m	4,7 dm	24,7 cm
V						

Ungeordnete Ergebnisse: 0,941192 m^3; 0,729 dm^3; 15 069,223 cm^3; 4 330,747 cm^3; 1,953125 m^3; 103,823 dm^3.

a	$\frac{1}{2}$ m	$\frac{2}{3}$ m	$\frac{1}{5}$ m	$\frac{3}{4}$ m	$\frac{4}{5}$ m	$\frac{5}{6}$ m
V						

Ungeordnete Ergebnisse: $\frac{1}{125}$ m^3; $\frac{125}{216}$ m^3; $\frac{8}{27}$ m^3; $\frac{1}{8}$ m^3; $\frac{27}{64}$ m^3; $\frac{64}{125}$ m^3.

② Berechne die Oberfläche des Würfels.

a	24 cm	33 cm	52 cm	18 cm	26 cm	42 cm
O						

Ungeordnete Ergebnisse: 16 224 cm^2; 10 584 cm^2; 1 944 cm^2; 3 456 cm^2; 4 056 cm^2; 6 534 cm^2.

a	21,1 cm	15,7 cm	26,9 cm	30,7 cm	37,2 cm	16,9 cm
O						

Ungeordnete Ergebnisse: 5 654,94 cm^2; 1 478,94 cm^2; 1 713,66 cm^2; 4 341,66 cm^2; 2 671,26 cm^2; 8 303,04 cm^2.

a	0,45 m	1,92 m	7,5 dm	13,1 cm	5,6 dm	23,7 cm
O						

Ungeordnete Ergebnisse: 337,5 dm^2; 3 370,14 cm^2; 1,215 m^2; 1 029,66 cm^2; 22,1184 m^2; 188,16 dm^2.

a	$\frac{1}{2}$ m	$\frac{2}{3}$ m	$\frac{4}{5}$ m	$\frac{1}{4}$ m	$\frac{5}{6}$ m	$\frac{3}{8}$ m
O						

Ungeordnete Ergebnisse: $2\frac{2}{3}$ m^2; $\frac{3}{8}$ m^2; $1\frac{1}{2}$ m^2; $\frac{27}{32}$ m^2; $3\frac{21}{25}$ m^2; $4\frac{1}{6}$ m^2.

③ Berechne die fehlenden Größen des Würfels.

a	5,1 cm					
O		96 cm^2	384 cm^2	1 350 cm^2		
V					8 m^3	125 m^3

Ungeordnete Ergebnisse: 8 cm; 4 cm; 156,06 cm^2; 132,651 cm^3; 512 cm^3; 15 cm; 64 cm^3; 3 375 cm^3; 2 m; 24 m^2; 5 m; 150 m^2.

① Berechne das Volumen des Würfels in Kubikdezimeter.

a	43 cm	57 cm	113 cm	0,80 m	0,75 m	210 mm
V						

Ungeordnete Ergebnisse: 185,193 dm^3; 9,261 dm^3; 79,507 dm^3; 512 dm^3; 1 442,897 dm^3; 421,875 dm^3.

a	1 070 mm	450 cm	0,08 m	2,30 m	51 cm	1,50 m
V						

Ungeordnete Ergebnisse: 91 125 dm^3; 3 375 dm^3; 1 225,043 dm^3; 12 167 dm^3; 0,512 dm^3; 132,651 dm^3.

② Berechne das Volumen des Würfels in Kubikzentimeter.

a	37 mm	4,8 dm	120 mm	81 mm	17 dm	0,9 dm
V						

Ungeordnete Ergebnisse: 1 728 cm^3; 50,653 cm^3; 729 cm^3; 531,441 cm^3; 110 592 cm^3; 4 913 000 cm^3.

a	0,61 m	0,49 dm	0,07 m	29 dm	419 mm	27 mm
V						

Ungeordnete Ergebnisse: 343 cm^3; 24 389 000 cm^3; 19,683 cm^3; 226 981 cm^3; 73 560,059 cm^3; 117,649 cm^3.

③ Berechne die Oberfläche des Würfels in Quadratzentimeter.

a	31 mm	3,8 dm	8,2 dm	47 mm	11 mm	9 mm
O						

Ungeordnete Ergebnisse: 40 344 cm^2; 4,86 cm^2; 57,66 cm^2; 132,54 cm^2; 8 664 cm^2; 7,26 cm^2.

a	0,25 m	0,77 dm	17,5 mm	6,1 dm	0,18 m	109 mm
O						

Ungeordnete Ergebnisse: 18,375 cm^2; 3 750 cm^2; 712,86 cm^2; 355,74 cm^2; 1 944 cm^2; 22 326 cm^2.

④ Berechne die Oberfläche des Würfels in Quadratdezimeter.

a	2 m	0,71 m	315 mm	61 mm	14 cm	17,4 cm
O						

Ungeordnete Ergebnisse: 302,46 dm^2; 2,2326 dm^2; 18,1656 dm^2; 11,76 dm^2; 2 400 dm^2; 59,535 dm^2.

a	0,03 m	407 mm	24,6 cm	3,40 m	50,1 cm	1 070 mm
O						

Ungeordnete Ergebnisse: 99,3894 dm^2; 150,6006 dm^2; 36,3096 dm^2; 686,94 dm^2; 0,54 dm^2; 6 936 dm^2.

⑤ Berechne die fehlenden Größen des Würfels.

a	16,3 cm					
O		150 cm^2	600 cm^2			294 cm^2
V				216 cm^3	$\frac{1}{8}$ m^3	

Ungeordnete Ergebnisse: 125 cm^3; 10 cm; 5 cm; 6 cm; 216 cm^2; $\frac{1}{2}$ m; 343 cm^3; 1 $\frac{1}{2}$ m^2; 7 cm; 1 000 cm^3; 1 594,14 cm^2; 4 330,747 cm^3.

Der Quader

① Berechne das Volumen des Quaders.

a	17 cm	31 cm	22 cm	34 cm	12 cm	41 cm
b	12 cm	16 cm	17 cm	41 cm	19 cm	29 cm
c	8 cm	12 cm	15 cm	17 cm	25 cm	21 cm
V						

Ungeordnete Ergebnisse: 5 610 cm^3; 24 969 cm^3; 5 700 cm^3; 5 952 cm^3; 1 632 cm^3; 23 698 cm^3.

a	16 cm	22 cm	27 cm	31,2 cm	25 cm	16,9 cm
b	12 cm	19 cm	22 cm	16 cm	19,7 cm	14 cm
c	8,5 cm	12,3 cm	15,5 cm	25 cm	12 cm	15 cm
V						

Ungeordnete Ergebnisse: 5 141,4 cm^3; 3 549 cm^3; 1 632 cm^3; 12 480 cm^3; 9 207 cm^3; 5 910 cm^3.

a	13,1 cm	15,6 cm	26 cm	34 cm	16,9 cm	14,9 cm
b	9,8 cm	14 cm	13,9 cm	21,5 cm	12,7 cm	23 cm
c	12 cm	9,7 cm	4,5 cm	10,5 cm	13 cm	12,5 cm
V						

Ungeordnete Ergebnisse: 1 626,3 cm^3; 4 283,75 cm^3; 7 675,5 cm^3; 1 540,56 cm^3; 2 790,19 cm^3; 2 118,48 cm^3.

② Berechne das Volumen des Quaders. Achte auf die Einheiten.

a	17 cm	19,6 dm	33 cm	11,7 cm	31 cm	9,6 dm
b	3 dm	21 dm	4,3 dm	2,3 dm	17 cm	12 dm
c	25 cm	1,20 m	17 cm	15 cm	2,7 dm	70 cm
V						

Ungeordnete Ergebnisse: 24 123 cm^3; 806,4 dm^3; 12 750 cm^3; 4 036,5 cm^3; 4 939,2 dm^3; 14 229 cm^3.

a	51 cm	130 mm	18,7 cm	12,1 cm	3,9 dm	1,2 dm
b	3,7 dm	12 cm	2 dm	7,6 cm	53 cm	55 mm
c	0,2 dm	15,8 cm	1,1 dm	0,3 dm	4,7 dm	6,8 cm
V						

Ungeordnete Ergebnisse: 4,114 dm^3; 275,88 cm^3; 3,774 dm^3; 448,8 cm^3; 2 464,8 cm^3; 97,149 dm^3.

③ Berechne die fehlenden Größen des Quaders.

a	16 cm	15 cm	24 cm	25 cm		15 cm
b	5 cm			32 cm	18 cm	
c		6 cm	4,5 cm		45 cm	14 cm
V	168 cm^3	504 cm^3	745,2 cm^3	11 840 cm^3	8 505 cm^3	4 095 cm^3

Ungeordnete Ergebnisse: 6,9 cm; 19,5 cm; 2,1 cm; 14,8 cm; 5,6 cm; 10,5 cm.

① Berechne die Oberfläche des Quaders.

a	19 cm	16 cm	37 cm	41 cm	31 cm	29 cm
b	12 cm	8 cm	12 cm	27 cm	15 cm	16 cm
c	5 cm	11 cm	6 cm	9 cm	14 cm	21 cm
O						

Ungeordnete Ergebnisse: 1 476 cm²; 2 218 cm²; 2 818 cm²; 784 cm²; 3 438 cm²; 766 cm².

a	25 cm	50 cm	36,4 cm	46 cm	19,7 cm	21,4 cm
b	12,4 cm	22,6 cm	15 cm	17 cm	24 cm	13 cm
c	9 cm	12 cm	9 cm	8,5 cm	17 cm	15 cm
O						

Ungeordnete Ergebnisse: 2 017,2 cm²; 1 293,2 cm²; 1 588,4 cm²; 4 002,4 cm²; 2 431,4 cm²; 2 635 cm².

a	6,9 cm	9,2 cm	12,8 cm	15,6 cm	21,5 cm	19,6 cm
b	7,5 cm	4,7 cm	8,5 cm	8,8 cm	15 cm	25 cm
c	8 cm	5 cm	12 cm	12 cm	14,4 cm	14,4 cm
O						

Ungeordnete Ergebnisse: 860,16 cm²; 225,48 cm²; 2 264,48 cm²; 333,9 cm²; 728,8 cm²; 1 696,2 cm².

② Berechne die Oberfläche des Quaders. Achte auf die Einheiten.

a	37 cm	7,2 dm	9,6 dm	24 cm	18 cm	24 cm
b	25,7 cm	22 cm	32 cm	7,2 dm	0,7 dm	17,5 cm
c	2 dm	1,5 dm	17 cm	5 dm	12,5 cm	37 mm
O						

Ungeordnete Ergebnisse: 10 496 cm²; 1 147,1 cm²; 130,56 dm²; 4 409,8 cm²; 877 cm²; 59,88 dm².

a	17,2 cm	1,20 m	570 mm	25,8 cm	18,2 cm	21,7 cm
b	2,1 dm	4 dm	34 cm	19,6 cm	0,7 dm	87 mm
c	14 cm	1,50 m	12,6 cm	0,7 dm	55 mm	0,2 dm
O						

Ungeordnete Ergebnisse: 5,76 m²; 1 646,96 cm²; 1 792 cm²; 532 cm²; 499,18 cm²; 6 169,2 cm².

③ Berechne die fehlenden Größen des Quaders.

a	12,6 cm	21,7 cm	16,4 cm	16,6 cm	8 cm	12 cm
b	8,2 cm	10,5 cm	19,3 cm	12,7 cm	4 cm	
c	4,9 cm	8,2 cm	21,5 cm	4,5 cm		6 cm
O					112 cm²	324 cm²

Ungeordnete Ergebnisse: 5 cm; 2 168,14 cm²; 410,48 cm²; 2 cm; 983,78 cm²; 685,34 cm².